空间与环境：
室内设计的方法与实施

俞兆江 著

电子科技大学出版社
University of Electronic Science and Technology of China Press

图书在版编目（CIP）数据

空间与环境：室内设计的方法与实施 / 俞兆江著
. -- 成都：电子科技大学出版社，2018.4
ISBN 978-7-5647-5544-7

Ⅰ. ①空… Ⅱ. ①俞… Ⅲ. ①室内装饰设计 Ⅳ.
① TU238.2

中国版本图书馆 CIP 数据核字（2018）第 010561 号

内容简介

不同的室内环境会给人不一样的感觉，可以反映出一个地域的历史文脉、建筑风格、环境气氛等内容。室内设计涉及了多方面的内容，是一门综合艺术，对设计中各方面要素不同的处理就会形成不同的风格。本书详细论述了室内设计中的空间和空间界面设计，还有装饰的各个要素以及在室内设计中的运用方法。全书在结构上安排合理，内容上详尽，是一本兼具实用性与可读性的理论著作。

空间与环境：室内设计的方法与实施
KONGJIAN YU HUANJING：SHINEI SHEJI DE FANGFA YU SHISHI
俞兆江　著

策划编辑　杜　倩　刘　愚　李　倩
责任编辑　刘　愚

出版发行　电子科技大学出版社
　　　　　成都市一环路东一段 159 号电子信息产业大厦九楼　邮编　610051
主　　页　www.uestcp.com.cn
服务电话　028-83203399
邮购电话　028-83201495

印　　刷　三河市铭浩彩色印装有限公司
成品尺寸　170 mm × 240 mm
印　　张　16.25
字　　数　211 千字
版　　次　2018 年 4 月第 1 版
印　　次　2024 年 9 月第 2 次印刷
书　　号　ISBN 978-7-5647-5544-7
定　　价　57.00 元

前 言

室内设计一直是环境艺术设计中的重要内容，也是建筑设计的继续与深化。我国的室内设计专业最早始于20世纪50年代的中央工艺美术学院，当时的专业名是“室内装饰”，直到20世纪80年代末才变更为“室内设计”。

室内设计作为一门综合艺术学科，涉及建筑学、材料学、美学、心理学等多个领域，在设计时要综合把握空间、色彩、材料、室内陈设等要素，所以在学习时要掌握各个领域的相关知识和各种相关技能。室内设计与建筑设计既有联系又有相对的独立性，是建筑的内部空间的“再造”，但又超越了“室内装饰”的范畴。随着社会经济的不断发展，国内人民生活水平的提高，对室内设计的要求也越来越高，虽然室内设计的形式千姿百态，但是其设计的本质没有变，要在现有的科技发展基础上，创造出更好的、适宜人类居住的室内环境。现今的室内设计行业发展十分迅猛，笔者就是在这种行业发展形势下，撰写了《空间与环境：室内设计的方法与实施》一书，对室内设计的方法进行了进一步的探索，与时俱进，为室内设计提供了新的支撑。

全书分为六章，分别对室内设计的各个方面进行了详细论述。第一章是室内设计理论及其方法手段，主要介绍了室内设计的基本内容；第二章是室内空间中的界面处理与设计，详细介绍了如何运用各种造型因素来设计空间；第三章是室内空间的组织与设计，包括室内空间的类型、组织与技术设计；第四章是室内光环境与照明环境，包括采光和照明；第五章是室内环境的内含物布置与陈设，对家具、色彩、织物、绿植的布置与陈设进行了详细介绍；第六章是不同类型的室内空间与环境设计实践，主要针对居住空间与环境、办公空间与环境、公共空间与环境的设计实践展开。

本书的重点在理论与实践的结合上，为了更好地论述分析室内设计的各个方面，让读者更容易理解，突出了以下特点：一是内容上的全面性，涵盖了室内设计的相关理论基本知识，在理论的基础上举出了相关实例；二是突出了实践的重要性，在全书的结构中，虽然只有第六章是明确的实践内容，但是前面各个章节中都有实践内容的穿插；三是写作的规范性，做到线索清晰、章节合理、逻辑严谨；四是理念的新颖性，在全书的编写过程中，关注当前室内设计发展的趋势，思维活跃，具有时代特点。

本书在撰写时参考和借鉴了大量的相关理论著作，虽然尽量做到理论清晰、观点正确，但是由于本人的水平有限，难免会出现疏漏之处，还望广大读者批评指正。

作　者

2017 年 10 月

目　录

第一章　室内设计理论及其方法手段

任何一门学科都有其自身的规律,室内设计也不例外,作为一门年轻的学科,需要我们了解与掌握室内设计的基本原理以及一些实践手段。本章即从室内设计的宏观概念出发,对室内设计进行一个整体上的分析与探讨。

第一节　对室内设计的理解

室内空间设计是人们根据建筑内部空间的使用性质,运用物质技术手段,创造出功能合理、舒适优美的室内空间环境,以满足人的物质与精神需求而进行的空间创造活动。室内空间设计所创造的空间环境既有使用价值,又满足相应的功能要求,同时也反映了历史文脉、设计风格、环境气氛等精神因素。“创造出满足人们物质和精神生活需求的室内空间环境”是室内空间设计的目的。现代室内空间设计是综合的室内环境设计,它既包括美学和工程技术方面的问题,也包括声、光、热等物理环境以及氛围、意境等心理环境的内容。

室内空间设计是一门综合性学科,它所涉及的范围非常广泛,包括声学、力学、光学、美学、哲学、心理学、材料学和色彩学等知识。它也具有鲜明的特点,具体如下所述。

一、室内空间设计强调“以人为本”的设计宗旨

室内空间设计的主要目的就是创造舒适美观的室内空间环

境，满足人们多元化的物质和精神需求，确保人们在室内的安全和身心健康，综合处理人与环境、人际沟通与交流、工作与休闲娱乐等多项关系，科学地了解人们的生理、心理特点和视觉感受对室内环境设计的影响。

二、室内空间设计是工程技术与艺术的结合

室内空间设计强调工程技术和艺术创造的相互渗透与结合，运用各种艺术和技术的手段，使设计达到最佳的空间效果，创造出令人愉悦的室内空间环境。科学技术不断进步，使人们的价值观和审美观产生了较大的改变，对室内空间设计的发展也起了积极的推动作用，新材料、新工艺的不断涌现和更新，为室内空间设计提供了无穷的设计素材和灵感，运用这些物质技术手段结合艺术的美学，创造出具有表现力和感染力的室内空间形象使得室内空间设计更加为大众所认同和接受。

三、室内空间设计是一门可持续发展的学科

室内空间设计的一个显著特点就是它对由于时间的推移而引起的室内功能的改变显得特别突出和敏感。当今社会生活节奏日益加快，室内功能也趋于复杂和多变，装饰材料、室内设备的更新换代不断加快，室内空间设计的“无形折旧”更趋明显，人们对室内环境的审美也随着时间的推移而不断改变。这就要求室内设计师必须时刻站在时代的前沿，创造出具有时代特色和文化内涵的室内空间。

第二节　国内外室内设计的发展与趋势

一、国内室内设计的发展

中国是一个历史悠久的文明古国，几千年的文明历史为人类留下了极为丰富的文化遗产，我国传统建筑的装修、色彩在建筑史上占有突出的位置，至于家具和陈设更是别具一格。从华夏远古先民开辟第一处居巢之时起，一种与居住相关的文化形态随之诞生。

商周时期，统治阶级迷信鬼神文化，青铜器多作为祭祀的礼器，并饰以饕餮纹和龙纹，表现出庄重、威严、凶猛的感觉。在商朝后期，青铜手工业十分发达，铜器都形制精美，花纹繁密而厚重。

春秋战国时期，南国楚地仍保留原始氏族的社会结构，因而楚式家具（图 1-1）的纹饰含有浓厚的巫文化因素。家具上装饰鹿、蛇、凤鸟等图案，这类巫文化使楚式家具软装蒙上一层神秘的色彩。

图 1-1　楚式家具

汉朝建筑室内综合运用绘画、雕刻和文字等作各种构建的装饰，所用的花纹题材大致可分为人物纹样、几何纹样、植物纹样和动物纹样四类。这些纹样以彩绘与雕、铸等方式应用于地砖、梁、柱、斗拱、门窗、墙壁、天花和屋顶等处。

魏晋南北朝时期建筑材料发展主要在砖瓦的产量和质量的提高，以及金属材料的运用等方面。室内家具的变化表现在起居用的榻加高加大，既可躺又可垂足坐于榻沿，榻上出现了倚靠用的长几，半圆形的曲几，还有各种形式的高坐具。

隋唐时期，家具工艺更接近自然和生活实际，室内墙壁上往往绘有壁画，彩画构图的装饰纹样常以花朵、卷草、人物、山水、飞禽走兽等现实生活为题材，图案欣欣向荣、五彩缤纷。

宋朝进入到理性思考的阶段，在哲学上尊崇道教，倡导理学。宋代家具一改唐代宏博华丽的雄伟气魄，转而呈现出一种结构简洁工整、装饰文雅隽秀的风格。无论桌椅还是围子床，造型皆是方方正正、比例合理，并且按照严谨的尺度，以直线部件榫卯而成，外观显得简洁疏朗。

明清的室内家具（图 1-2）布置大都采用成组成套的对称方式，力求严谨划一。对称摆放的橱、柜、书架，辅以书画、挂屏、文玩、盆景等小摆设，达到典雅的装饰效果。南方以江南私家园林为代表，厅堂室内用罩、隔扇、屏门等自由分隔，使得室内空间具有似分又合的趣意。博古架和书架兼有家具与隔断的作用，花格的组合形式多种多样，格内陈设工艺品、书籍等，使得室内空间既有分隔又有联系的艺术效果。北方则以北京四合院为代表，室内设炕床取暖，室内外地面铺方砖，室内按照生活需要，用各种形式的罩、博古架、隔扇等划分空间，上部装纸顶棚，构成了丰富、朴素的艺术效果。

近现代中国的室内设计，则是进入了混沌纷乱状态。清代晚期自道光以后，受外来文化的影响，家具造型开始向中西结合的风格转变，改变了明清家具以床榻、几案、箱柜为主的模式，引进了沙发、梳妆台、挂衣柜等，丰富了家具和软装饰品的品种，也是对传统古典家具式样的猛烈冲击。

图 1-2 明清的室内家具

在当代,人们开始从纷乱的“模仿”和“拷贝”中整理出头绪,新一代设计队伍和消费市场逐渐成熟,孕育出了含蓄秀美的新中式风格,它们以华夏文明为原型,将中式元素与现代材料巧妙糅合,以新的姿态呼唤华夏文明在软装设计领域的回归。

二、国外室内设计的发展

(一)17 世纪的国外室内设计发展

在 17 世纪的意大利,文艺复兴时期的古典主义开始演变成富丽堂皇的巴洛克风格。从这里,巴洛克风格传遍整个欧洲,在德国南部、奥地利、西班牙和葡萄牙尤其盛行。当巴洛克开始进入法国和英国时,很少建筑师对他们设计的建筑的内部装修表示关心,大规模的室内设计工程经常落在专业的手艺匠人手里,他们师承意大利建筑师的雕刻艺术。手艺匠人对推动 17 世纪室内设计和建筑设计的发展起了重要作用。这一点在法国体现得尤为明显:法国国王亨利四世让手艺匠人受皇室保护,如路易十三弗朗索瓦·芒萨尔、路易·勒沃和夏尔·勒布伦等这样的建筑师尤受保护。勒布伦接手勒沃在凡尔赛宫设计的房间,把它们改造得异常华丽,他可能是历史上首位全面的室内装潢师。优雅舒适的法国室内设计风格原本只为贵族打造,后来却得到了广泛认可并影响了瑞典等其他欧洲国家。

在荷兰，为适应异军突起的中层阶级需求，出现了较为朴素的法国设计风格，如图 1-3 与图 1-4 所示。另外，荷兰来的舶来品也一时广受欢迎。到 17 世纪末，斯图亚特王朝在英国复辟，查理二世和他的朝臣倾心于欧洲大陆巴洛克风格，随后的统治者奥兰治家族的威廉和玛丽让英国风更加印上了大陆风的影子。通过皇室联姻，奥兰治家族的公主们把她们对镜子、瓷器和漆器等装饰细节的热诚传遍英国。

图 1-3　17 世纪设计风格（1）

图 1-4　17 世纪设计风格（2）

威廉和玛丽委任颇具才气的丹尼尔·莫洛托负责汉普顿宫的部分室内设计工作。莫洛托当时为躲避宗教迫害而逃至英国，之前他一直为法国宫廷效力。在这里，莫洛托像勒布伦曾经做过的一样,成功地把室内设计跟装饰结合起来。莫洛托设计的室内风格十分连贯,他的作品至今仍可见到。逃难的胡格诺教徒在英国室内设计的发展史中扮演着重要角色,这是因为他们当中有许多是才能出众的手艺匠人。伊尼哥·琼斯被公认为英国古典建筑之父,他同样把室内空间的设计当成整体建筑的一部分。

“三十年战争”让西班牙和德国都付出了惨重的代价,战争期间两国的建筑少有成就。当它们的经济复苏,建筑又开始发展时,风格上已发生了很大的变化。早期的德国巴洛克建筑仍带有意大利的印迹,但逐渐地,南部德国和奥地利都出现了一种复杂多变的本土风格。17 世纪西班牙建筑的特点之一是表面修饰十分绚丽,比如位于瓦伦西亚的圣地亚哥大教堂和多斯·阿瓜斯宫的正面设计;但朱瓦拉设计的马德里皇宫和圣伊尔德丰索宫都深受更严谨的法国巴洛克风格的影响,设计得较为朴素。

（二）18 世纪的国外室内设计发展

从 18 世纪初期到中叶,由于厌恶宫廷生活的死板,渴望自由随意,在法国巴黎出现了洛可可艺术风格。这种纤弱娇媚、华丽精巧的洛可可建筑风格中的室内设计尤其依赖手艺匠人的巧手能工,其中之一便是比利时的雕刻大师雅克·韦尔巴克特。洛可可风格受到欧洲贵族们和外国统治者的吹捧,连皇室也在关键建筑项目的建造和装饰上征询法国建筑师的意见。尤其德国把洛可可带回了首都,在约翰·巴尔萨萨·诺伊曼等建筑师的带领下设计了大量异常繁饰的宫殿和教堂。在西班牙,建筑师们在各自的作品中吸收了法国洛可可风格的元素,但是又以此为基础创作出独特的地域风格,如图 1–5 与图 1–6 所示。

图 1-5　18 世纪设计风格（1）

图 1-6　18 世纪设计风格（2）

18 世纪的另一个重要事件是帕拉第奥风格在英国的复兴。帕拉第奥风格的起因是建筑师伯林顿爵士的一次意大利之旅，这次旅程中他带回了 16 世纪威尼斯古典建筑师帕拉第奥的雕刻手稿。该风格随后经过改造，在帕拉第奥设计原则的指导下使用较为保守的巴洛克装饰，从而达到迎合英格兰人品位的效果。这种风格的融合主要受威廉·肯特的影响，他的室内设计作品诺福克的霍顿大厅等体现出他不但是一名颇具才华的建筑师、家具和园林设计师，而且是一位杰出的室内设计天才。新古典主义风格的主要倡导者之一是罗伯特·亚当，他主张把室内设计当成建筑设计的一个内在部分，甚至亲自设计搭配天花板的地毯。得益于早年在法国和意大利受教育的灵感，亚当特别擅长从古老风格中获取创意。

新古典主义风格以理性典雅见长，具体特征为简单的几何图形、平坦的直线设计和希腊罗马装饰。作为对极端洛可可风格的反抗，它兴起于18世纪50年代的欧洲，并从法国传播到西班牙、荷兰、德国和斯堪的纳维亚半岛。在意大利和西班牙，巴洛克风格被广泛喜爱着，尽管18世纪第一个10年后期意大利建筑师柏拉尼西曾设计出一些值得仿效的新古典主义作品。德国一个有名的新古典主义设计师是卡尔·弗雷德里希·申克尔，他在柏林设计了几座有影响力的建筑，包括老博物馆、国家剧院和皇家卫队建筑。

在美国，新古典主义室内设计受海普怀特和齐本达尔等设计师的建筑风格花样书特别是家具花样书的影响最大。新诞生的美利坚合众国的第三位总统托马斯·杰弗逊喜欢简单的古典形式，他在弗吉尼亚州蒙蒂塞洛自家房屋英国家具师托马斯·谢拉顿和乔治·史密斯等在18世纪末19世纪初的欧美室内设计与装饰中扮演重要角色，他们通常负责协调重大翻新工程和新建筑的室内设计任务。当时最成功的家具制造和室内装饰公司之一是克雷斯家具制造公司，而霍普的书《住宅家具与装饰》和阿克曼的杂志《艺术宝库》等的出版，通过提高公众对装饰风格和可能性的认识，对室内风格的影响很大。继1798年的尼罗河战役之后，拿破仑皇帝的威望在法国达到了鼎盛。作为一名罗马帝国艺术的仰慕者，拿破仑不遗余力地在法国鼓励艺术建设，也给财富新贵们树立了一个好的赞助人榜样。他聘请建筑师夏尔·柏西埃和皮埃尔·弗朗索瓦·伦纳德·丰丹来设计皇室宫殿，两人不负所望地设计出别具一格的帝国风格，这些室内设计以许多帐篷风格的悬挂为特征，另外有影射拿破仑战争和军事运动的装饰。通过他们合著的《室内装饰集》，他们的设计作品产生了国际影响力。

（三）19 世纪的国外室内设计发展

进入 19 世纪，风格之争在整个欧洲和美国引起了大量的室内设计和建筑热潮。虽然建筑师仍然引领建筑潮流，推出让人眼花缭乱的建筑风格，但室内装潢师则在室内装潢方面大显身手。对复杂、零乱的室内设计风的反抗导致了对简约、淡雅风格的回归。19 世纪还迎来一系列的改革运动，比如英格兰的工艺美术运动着重追求简洁的设计风格、高质的装饰材料、手工技能、传统工艺和优美的住宅环境等。威廉·莫里斯是此运动中的一盏明灯，他亲手设计了自己的纺织品、墙纸和家具。在美国，这些设计理念也颇具影响力，它们很快作为“工艺匠风格”而家喻户晓，过后出现了诸如设计师埃尔伯特·哈伯特、古斯塔夫·斯蒂克利等领军人物。

19 世纪末，欧洲出现了一种别致而装饰复杂的风格，后来人们把它称为新艺术。凭借非对称的曲线形式，它影响了比利时、奥地利、德国、意大利和西班牙等国家的建筑和室内设计风格。这种风格的主要倡导者有比利时的维克多·霍尔塔、西班牙的安东尼·高迪、德国的奥古斯塔·恩德尔和苏格兰的查尔斯·伦尼·麦金托什。美国兴起的折中主义古典建筑风格标志着 19 世纪室内设计新的重大发展。这种风格以曾在巴黎古典艺术学院受过训练的众多美国建筑师命名，兼收许多古风，同时又以舒适和谐作为最主要的设计原则。奢华的室内装潢开始装上机械通信设备、高科技浴室和厨房、电梯和电路系统。从这时候起，室内设计师和建筑师不得不具备在设计项目中整合新科技的能力。

（四）20 世纪的国外室内设计发展

装饰艺术是 20 世纪两次世界大战之间风靡起来的一种刻意反常的艺术风格。它的名字起源于第一届装饰作品展，即 1925 年在巴黎举行的“现代工业装饰艺术国际博览会”。承蒙室内设计师让·米歇尔·福兰克、保罗·布瓦列特和室内设计师兼家具设计师艾琳·格瑞的作品展出,令巴黎在20世纪初期成为一个伟大的设计中心。

20世纪20年代晚期和30年代,现代主义从包豪斯蜕变出来,并取代了装饰艺术。包豪斯是由沃尔特·格罗皮乌斯创立的颇具影响力的德国设计学派。包豪斯设计风格倡导利用最少色彩、修饰和建筑特征的功能主义,其成功需要相当多的设计技巧。包豪斯风格末期出现了诸如塞吉·切尔梅耶夫和埃里克·孟德尔松等有名的学徒。他们在英国和美国定居,对当时许多建筑师和室内设计师都有影响。在法国,建筑师勒·柯布西耶遵从包豪斯设计原则,革命性地设计了许多使光和空间都得到最大利用的房子。

随着20世纪继续向前,一座建筑物的建筑设计与室内设计之间的差异变得越来越明显。专业室内装潢师的出现确实成为20世纪的一项革新,家庭装修也越来越成为休闲时光里人们爱干的一件事情。许多这些早期的室内装潢师属于贵族成员,他们瞥见机会,利用自身对精品生活的品位和知识帮助新兴富人装饰房屋,因为新兴富人虽然承担得起奢华生活的费用,却急需装修方面的指导。

在美国,埃尔西·沃尔夫作为首批知名的女性室内装潢师之一,引领当时的设计时尚。第二次世界大战使得整个欧洲建筑师和设计师的繁荣时期戛然而止,此停滞持续了20多年之久。这段时间之后,英国室内设计师约翰·福勒、南希·兰卡斯特等凭借他们拘谨时尚的设计才能,设计了许多重要的乡村住宅。20世纪后半叶,后来知名的“乡村住宅样式”迅速发展成异常成熟的印花棉布风,此风格在美国尤其受到欢迎。20世纪60年代有一小段时期重返某些古典设计原则和样式,这是由大卫·希克斯的优雅设计风发动而起的。更为简约和功利的设计风格的顶尖设计师之一是英国设计师兼餐馆老板特伦斯·康兰,此风格的影响以全球化的势态延续至21世纪。

三、21 世纪的室内设计发展趋势

（一）市场划分和专业化

传统上，室内设计分为两种主要类型：住宅类和商用类。顾名思义，住宅室内设计主要致力于私人住宅中室内装饰材料或产品的布局和说明。住宅室内设计师在工作当中必须对儿童安全、家庭交通模式、电线电缆的铺设要求、开关保安系统以及家庭影院电子设备、计算机系统硬件的空间要求等做到心中有数。在设计多单位住宅时，设计师同样面临着许多挑战，需要细细思量。商用室内设计指的是公共建筑和商业机构的室内布局和设计，这类建筑包括商店、饭店、博物馆和医院等。从各行业的发展历史看来，新行业诞生以后，行业专业化会紧随其后。室内设计概莫能外。一些设计师会选择专门从事某一个具体领域的设计，比如休闲场所（剧院、音乐厅、主题公园等）、政府机构办公用房、医疗保健、餐饮业（旅馆、饭店、酒吧、俱乐部等）、办公用房和零售商店（精品店、百货商店和购物商场等）。

除了直接为私人住户的设计项目，住宅设计还可包括房地产开发的室内家具设计或者样品房的装饰设计。今天的房地产开发商明白，高品质的室内设计将意味着利润损益的差异；过去房地产开发商在室内设计的预算开支会尽量保持最低，而现如今这方面的开支已被当成是划算的生意。许多开发商开始寻求通过室内设计来兜售生活方式，并引进了奢侈品牌策略，无论是推销经典遗风，还是宣扬现代时尚。这样的话，室内设计师就面临着充满挑战、激情四射的设计任务。另外，一些室内设计师更喜欢在特定类型的地产上发挥才干，比如乡村住宅或者定期重新装修。一些欧洲室内设计事务所在海外各个地区比如中东建立了良好的人脉基础，并把它们的业务集中在那里，但另一些事务所可能接受许多不同国家的客户。而有的事务所也可能专门从事某个具体方面，比如厨房、浴室或者婴儿室的设计。通常，厨房或者浴室用具供应商会精明地为那些空间同时提供设计服务，因此一宗供应生意中也可能包含专业的设计服务。

尽管室内设计师的职责常常只是设计空间布局和指定表面装饰的细节，但整个装饰材料、饰面、家具和室内陈设的领域太大了，一位专门搞设计项目的配饰方面的室内装潢师还可能必须同时负责装饰计划、表面装饰、家具和配件等工作。在这些服务项目上，也有专业公司来提供服务。在一些较大的室内装饰事务所，往往设有一个装置、配件和设备部门，专门负责这些物品的购买和供应。为配合这个目的，市面上成立了越来越多的专业购买公司。

设计事务所的种类有很多，大小也各不相同。在一些情况下，一间室内设计事务所可能是一处较大的建筑设计事务所的一部分。许多规模较大的事务所会进行商用室内设计，而较小的或者中型的事务所可能只接受住宅设计工作，偶尔才会设计精品酒店、餐馆或者经理办公室套房。在欧洲大部分地区，尤其英国，大规模的设计事务所十分罕见，一般只有十名员工或者仅有几名贸易商的成功的小本经营。在美国，市场专业化发展得非常成熟。因为具有日益增长的科技发展，又有各种客户的具体需求，这一点在医药服务业、餐饮业、零售业和展览工作等领域十分有用。欧洲并不缺少专门负责餐馆设计或者医院设计的事务所，但商业设计事务所可以接受各种不同项目的情况并非鲜见。除非设计项目小得可怜，项目管理的专业化要求也变得越来越热门。对于这一点，设计师往往靠项目管理来执行已经协商确定的设计方案。与专业化的趋势相反，一些设计领域的界限变得愈来愈模糊，如时装设计师已经开始涉足室内装饰产品系列的设计，这些产品包括玻璃制品、瓷器、餐具、床用织物和餐布等。同样，许多室内设计师也正开始把家具、产品甚至时装设计纳入他们的设计范畴。无论原本所学的是什么，一位成功的设计师在建立了自己的品牌之后，也就具备了良好的平台，可以借此拓宽个人的设计种类。范思哲、乔治·阿玛尼、拉夫·劳伦和约翰·罗恰等都是时装设计师进军家具设计或者家用器皿设计的例子；凯莉·霍普和尼娜·坎贝尔则是本身为室内设计师却也搞起了产品设计和零售设计。室内设计师越来越干起了推销风格的工作，在商业空间设计项目中，客户可能要求他们利用图形或者其他品牌化手段，以帮助公司树立形象。

（二）全球化

室内设计最大的魅力之一是它的灵活性。虽然世界各地的风格和材料不尽相同，但基本的设计技巧却是全球通用的。职业室内设计和建筑联合会的成员每年都可在国际会议上相互交流，室内设计国际会议的举行为全世界的设计师提供了交流思想和设计理念的机会。新科技的产生在设计界引起一场革命，大大方便了海外项目设计师的交流渠道，因此他们不再受到地理位置的限制。它同样带来了更先进的行政管理体系和快捷的潮流传播。许多设计事务所已经变成了网络虚拟办公室，能随时调动国内外设计师的设计才能。

设计行业持续增长着，为每一位训练有素的室内设计师提供广泛的就业机会。不同风格的影响也趋于全球化。在大城市里，客户们通常喜欢把他们的家设计成国际风格，室内设计和相应的产品都有一个成熟的市场。高速廉价的交通体系使得许多品位不同的本土风格成为可能，这样就造成了目前的室内设计业已然是一个全球性产业，南非、澳大利亚、泰国和印度尼西亚等世界各国的设计风格都可在其中找到位置。一些最具有国际影响力的风格来源于非洲——殖民风格、摩洛哥风格和突尼斯风格等，还有野外风格的半木料茅草房和土著小木屋，所有这些混合成富有活力和民族气息的有机面貌，反映在编织品、人工制品和各种配件的设计之上。满足市场对这种装饰和风格的需求一直是让设计师感到为难的事，因为他们一方面要避免材料和式样的均化作用，另一方面要寻求运用具有心思、触觉和材质感的手工艺品。

值得指出的是，虽然设计已成为一门全球通用的语言，但并不意味着把一个国家的古老设计特征运用到另一个气候、光线和文化都不相同的地方去的行为总是能达到满意的效果。比如尽管北欧设计对它特有的本地条件——可用的木料、短暂的白昼和银色光线——非常适宜,但如果把它运用到别的地方,却并不总是很成功。因此,设计师们必须注意,仅仅因为某东西是新颖而刺激的,并不代表着它一定适用。他们必须记住民族性也是需要尊重的一个方面。

第三节　室内设计的程序步骤

一、了解客户需求

从客户那里收集室内设计要求和生活方式等信息的过程经常被叫作"制作客户设计需求"。这一步骤的重要性再怎么强调也不会显得过分,这是因为如果不能确实了解客户的需要,设计项目就不可能有一个成功的结局。充分考虑客户的生活方式至关重要。举一个例子,假如动用大量空间去设计一个正式餐厅,但结果它一年只有两三次使用的机会,并且更不妙的是客户更享受在厨房里招待客人的感觉,那么这样的设计又有什么意思呢?

对于私人客户,设计师一般都会花时间和精力确认客户的要求,在脑海中建立起客户生活方式的详细准确的印象。有些情况下,确认现存的限制条件可能跟了解客户最终的理想追求是什么一样重要。细节将决定设计结果能否使客户觉得满意。一个满意的设计结果即是以让他们喜闻乐见的设计风格,为客户最终提供储存空间、工作环境、舒适的座椅和先进的科技等生活必需。制作顾客需求是一个逻辑过程,有些设计师会利用备好的调查问卷,确认家庭成员的数目、他们在家的时间,以及他们休闲、就餐、工作、看电视、听音乐、烹饪和款待客人的方式和地点。家庭成员里可能有一位上了年纪的亲戚,那么安全和进出方便的考虑就要加进设计计划；或者家庭里养了宠物，这样在最终选择材料和饰面的时候就特别有必要考虑到实际情况。

跟客户的初次见面会给双方提供相互了解的机会，让彼此都清楚他们是否能顺利形成商业伙伴关系。如果客户对设计师的工作尚未清楚，设计师也可拿出设计样品簿来供其浏览。此外，设计师可利用初次会面的机会对设计地点做初步的评估，记录下室内原本的装饰状况，因为这样就有可能发现有价值的线索，为了解客户的品位、风格和生活方式提供契机。

有时，设计师会与特定客户的合作有困难，或者难以实现他们的要求，在这种情况下，建议设计师会礼貌地推辞设计工作或者推荐其他合格的设计师。许多设计师会选择先对设计任务进行免费的预先观察，然后再全面地跟客户开设计项目委托会议，确定双方的关系是否能够继续。

商业空间设计项目的客户需求需要考虑市场因素、品牌化策略和其他与客户有关的具体可行性事项。它还可能要求设计师花时间去与特定商业领域的主要工作人员进行深入谈话，从而能准确地理解具体的商业情形，以及所提议设计项目中可能会出现的具体要求、限制条件或者其他实际因素。为公共空间做设计是一件极为激动人心的挑战潜能的事情，设计餐厅、酒吧和精品酒店的室内空间是许多设计师的梦想。但是，这类设计工作永远存在一定的风险，因为有些设计师在设计过程中容易表现得过于花哨时尚。

虽然从顾客那里了解项目预算的情况并不总是容易启齿，但是如果能想办法了解到一些将很有用处，因为这将有利于设计师根据客户的财务状况提议切实可行的设计方案。必然地，一些客户可能为他们的预算做了过高的设计期望，而另外一些则可能担心给出预算数字之后设计师会感到不满意，甚至嘲笑他们。然而，如果要确保设计项目有一个满意的结果，这显然是设计项目中设计师和客户双方应提前达成一致意见的一个方面。

二、考察房间

考察房间是资料收集阶段中的关键一步,它分成两个部分。

首先,需要测量室内空间,绘制比例图作为空间规划和其他布局的基础。空间测量之后紧接着是对现有空间的彻底分析。通过在建筑地点来回系统地走动测量得来的具体数据会记录在一张粗糙的该场地的平面图上,里面的订制家具也同样要记下来。为了写下面积尺寸,平面图的周围要注意留出足够的空间。另外,设计师还要在现存的室内设施网处做出标记,这些室内设施包括粪管、煤气管、暖气片、电视机、电线插座和开关等。重要的测量细节应包括任何壁脚板、护壁、护壁板顶木条、挂镜线和檐板等的厚度和高度。平面图中同样还应标明的是窗台到地面的高度,以及窗台、窗框贴面板和门窗线脚的厚度和宽度。因为室内交通可能会受到窗户和门(包括橱柜的门)的开关影响,所以这些因素也要包含在房间考察的数据测量里边。

光线的方位、质量以及太阳光的强度可能影响设计和装饰方案的抉择,因此房间的朝向也要在房间考察平面图中表示出来。

这个阶段设计师要做的资料收集的第二个部分是对室内空间进行分析,这将包括跟空间有关的所有未能被测量的信息。经过客户的许可,使用录像机或者数码照相机能大大有利于考察过程的进展。

很显然,设计师心里必须清楚接手房屋的建筑结构已处于急需维修的状态。例如,较老房子在当初建造时很可能没有一个合适的屋面防水基层,或者还可能隐藏着其他问题,这些问题在没有被修正之前,任何的装饰工作都无法开展。任何这样的修复工作都要在设计项目的成本预算和时间表里有所反映。在一些情况下,房屋里存在的问题可能难以发觉,这时设计师需要请来专家,检查诸如屋顶木料或者楼板搁栅等构件目前的状况。

为了能对一个家居室内空间做完整分析,室内设计师将需要给每一个房间派发一个检查清单。

(一)天花板

天花板的木线条和檐板都整齐漂亮吗？天花板灯线盒或者其他细节是否需要保留和修复？它对于房间容积是否太高？是否存在难看的隔板或者横梁,需要吊顶来给予遮挡？

(二)墙壁

它们是由什么做成的？砖、石头、水泥、煤渣,还是砌块？传统的板条抹灰、现代的石膏板,或者木质的壁骨材料？有没有其他装饰性的石膏或者镶板,护壁或者挂镜线？壁脚板的状况和风格是怎样的？

(三)壁炉

炉火的来源是什么？煤气、电流、煤炭、木头、固体燃料,还是无须烟道的无烟凝胶？如果需要安装的是煤气,那么是否有煤气供应？如果是木头或者煤炭,那么是否有堆放燃料的空间？壁炉是否需要清理、修复或者替换？如果轻敲壁炉腔的木板可以听见空洞的回响,那么很可能里面原来就藏有一个好壁炉,只不过后来给堵上了。

(四)地板

地板是否与客户的生活方式相协调？对于房间的功能,它是否是一种实用的选择？它是木质悬垂楼板呢,还是水泥、石料抑或铺地砖？如果铺着地毯,那么是否有松动的、吱吱响的板块？地毯之下的底层地板是什么状况？如果存在一块硬地面,它需要打磨吗？

（五）电线

开关、配件的位置在哪里？电源插座的数量是多少？总共有几种类型的开关（比如调光式、推移式等）？它们是否需要更换？电脑终端机、电话机和电视天线端口设置在什么地方？

（六）暖气

房屋供暖靠的是汽油、煤气或蓄电式加热器，还是灌水暖气片的固体燃料锅炉、复式锅炉或者大型流动锅炉系统？屋里有暖气片吗？有地下热气供暖系统或者太阳能光板吗？暖气片应该盒装起来，或者换成更有效的现代类型？锅炉需要更换吗？是否有其他更好的供暖设备或者系统可供选择？室内恒温器放置的位置是否正确？能否满足最有效地利用？

（七）细木工制品

房间里已有的贮藏处是否好用和够用？细木工制品的高度有多少？可能还需要什么样的细木工制品，比如书架、橱柜、暖气铸件和其他收纳的需要？

（八）门

门是否与墙面水平，它是朴素的、抛光的，还是油漆的？是否褪色或者需要翻新？如果它是一扇与墙面平行的朴素的门，或许可以加做一个平面模塑？门窗线脚是否已经加固塑形？需要再改进一下吗？门的功能是否能让你直接走到房间的中央？它是设在房间的一端还是某一边？门的存在是否指明进入房间或者穿过房间的途径？如果它朝另一边开的话，是否更容易一些？使用滑动门是否更好？有没有需要加大门口的宽度或者高度？

（九）窗户

窗户或者窗户外的景物是否有问题？它们难看或者难于容

忍吗？是否需要遮挡，甚至移走？窗户外边是否有树木？这些树木在冬夏两季怎样影响了光线和视线？窗户配件的状况如何？配有双层玻璃吗？窗户跟房间的建筑风格是否和谐？它们是怎样打开的？是否有可能把现有的窗户去掉，改装成折叠式玻璃墙？这样做适合吗？

（十）其他方面

如果房间里已经置办了家具，那么有没有某扇门的打开会碰到家具或者壁灯？门挡会不会绊脚？窗户的打开或者桌椅（包括拉出的合页）是否妨碍人在它们周围行动？可供座位的地方的种类是否充足？电视机、照明和镜子的当前位置在哪里？屋里是否可见缠绕着的电线？或者为了安全起见，小地毯下是否需要使用橡胶防滑垫？

只有把所有必需的信息做成客户需求报告和房间考察报告并校对完毕之后，设计师方可开始酝酿创意应对设计方案的过程。为了达到这个目的，设计师要写一份设计分析，在分析中把跟客户和设计项目有关的所有可得到的细节与事实记录下来。设计分析构成了构思设计理念和概念的基础。最后，设计师将决定哪些设计理念或者概念最好地满足了客户需求的条件，并把它保留、加工、充实到准备客户展示报告阶段。

三、设计构想

为了提交符合客户需求的理想答卷，所有室内设计师都有自己的方法，让自己施展创造性才华。对其中一些，这个方法是把这个创造性过程托付于既存事实，主要依据设计分析来做。例如，设计师可能让客户想三个词来描绘他们想要的设计效果，这三个词比如“灯光、优雅、热情”。其他设计师则可能从特定房子周围的自然元素里寻找灵感，他们可能会从房子的花园里捧一把树叶、泥土和石子，然后把它们拿回家撒到设计工作室的桌面上，观察这之后产生的颜色和质地。他们还可以从客户委托设计会议上所得到的事实中直接获得灵感的突破,或者从房间里的某些颜色、形状和饰面,或者从客户拥有的一个编织品、一张小地毯、一幅画和一个装饰性物件。

当寻求设计概念时,设计师显然不得不考虑以下限制,比如预算、房子本身和客户的生活方式特征。有些设计师更喜欢采用一种不拘一格的姿态进入创作,他们的思想十分开放,同时对周围的事物十分留心。这就容易产生更间接、通常也更理智的设计概念,这种设计概念能在某些不经意的方面跟客户需求紧密联系,但同时也为设计师的进一步设计构想提供了宽广的空间。对于商业空间设计,公司或者机构的名称可能是设计师产生设计概念的起点。

有些设计师会将他们形成的设计概念正式做成一个概念板,然后拿给客户,让客户对设计有一个初步的感觉。概念板能轻巧地把设计的实质传达给客户,这一点是普通的材料示范难以达到的。这些概念板通常像制作剪贴画一样,把手册、报纸、杂志、照片和草图上的不同剪切集中在一起,借以表达设计师脑海中的设计风格或者主题。各种图片和不同的颜色组合可有多种资料来源,园林、时装或者与食物有关的图像能跟那些明显带有室内设计意味的图片一样为室内设计师提供设计灵感。另外,从其他地方而非室内设计册子或者杂志上提取灵感有一个好处,就是它能迫使设计师发挥想象,画出原创草图。一个颜色或者形状的简单组合、一件晚装的线条都有可能比重复一幅现有室内设计作品更能种下设计理念的种子,通过它设计师更能创作出原汁原味、振奋人心的作品。概念板也可包含一些有趣的项目,比如纸片、编织品样本或者树叶。

四、形成设计方案

灵活性和开放的思想是使空间设计在功能和美学上达到最

大化开发的钥匙。这个富有创造性的设计布局的过程有时十分艰难，设计师往往会知难而退，只选择了第一个到达头脑的设计方案。但是，设计师如能保持知难而进，想到更多设计理念，或许一个更合适的设计方案就会从中出现，这也是非常重要的。

制作设计方案时，除了要考虑室内设计风格、规模和比例等基本要素，在关于特定空间里对各种活动的容纳能力这一方面，设计师也有许多要思考的。例如，设计师应该意识到他们对于环保所承担的责任，跟客户商量，搞好设计，介绍装饰产品，从而创造一个健康的室内环境，让以后可能需要的翻新工作更容易、更经济。包括英国在内的一些国家，保护未来地球环境的法律的制定还很有限。建筑法规的保护范畴可能包括热效率，但其他方面就提得极少。室内设计师可以在这个领域先采取行动，把他们的研究工作做得尽量彻底，从而不辱其因工作职责所致的为社会和环境谋幸福的光荣使命。人们关于“整体论”一词与室内设计的联系议论纷纷，无非是基于人的感官享受，这也是好的，但真正能做到从整体着眼的设计则还关乎设计中所使用产品的仔细思量，不但要确保它从审美和功能上符合标准，而且还要从它的获取、生产手段到废弃处理做全面的跟踪。

第四节　室内设计的依据与要求

一、人体工程学

（一）人体工程学的概念

人体工程学是以人、物、环境作为研究对象，分析它们之间的相互关系、相互影响的学科。由于其学科内容的综合性、涉及范围的广泛性以及学科侧重点的不同，学科的命名和界定也各有不同。美国通常称之为人类因素学、人类工程学，而西欧国家多称之为工效学。

人体工程学起源于欧美,作为独立学科其已有40多年的历史。在第二次世界大战中,为了发挥武器效能,减少操作事故,开始将人体工程学的原理和方法运用到坦克、飞机的内舱设计中,让人在舱内更有效地操作和战斗,减少人员在狭小空间的疲劳感,从而很好地改善了人—机—环境之间的关系。

第二次世界大战后,人体工程学的实践和理论研究成果,被有效地应用到空间技术、工业生产、建筑及室内设计中去,1961年创建了国际人类工效学联合会。

时至今日,人体工程学强调从人自身出发,在以人为主体的前提下研究人的衣、食、住、行以及一切生活、生产活动中综合分析的新思路。

(二)人体工程学在室内空间中的作用

在进行室内设计时,室内设计师必须要依据人体的尺度对空间尺度、家具尺度等进行设计。例如在餐厅,双人就餐时要根据人体坐姿时的大腿高度来设计餐桌高度,还要考虑当人移动座椅起立时所占的空间,另外还要留出送餐者的通行距离。此外,还要考虑空间色彩对人所产生的心理效应,以及室内声音、湿度使人产生的反应。这一切都与人的各部位尺度及肌体发生作用。因此,我们的设计都应以人的基本尺度为模数,以人的感知能力为准则。

1. 为确定人在空间的活动范围提供依据

相关人员根据人体工程学中的有关测量数据,结合空间的使用功能(住宅、办公室、餐厅、商场等),以人体尺度、活动空间、心理空间以及人与人交往的空间等因素为依据,确定空间的合理范围。

2. 为确定家具尺度及使用范围提供依据

不管是坐卧类家具还是储藏类家具都应该是舒适、安全、美观的,因此它们的尺度必须依据人体的功能尺寸及活动范围来确定,以满足人们的生理、心理要求。同时,人在使用这些家具的时候,周围必须留有充分的活动区域和使用空间。例如,写字台与座椅之间必须留有足够的空间,以便使用者站立与活动。而餐桌与餐椅之间除应留有基本的活动空间外,还要为上菜者和其他通行的人留有适当的空间。这些都要求设计师严格按照人体工程学中的人体尺度来进行设计。

3. 提供适应人体的室内物理环境的最佳参数

室内物理环境主要有室内热环境、声环境、光环境、辐射环境等。设计师在了解这些参数后,可以做出符合要求的方案,从而使室内空间环境更加舒适、宜人。

以上讨论了室内设计与人体工程学的关系,同时给出了人体在静止与活动时的一些常用数据。除此之外,设计师在进行室内设计时还应该注意以下几个问题,即哪类尺寸按较高人群确定,哪类尺寸按较矮人群确定。

尺度按较高人群确定的包括：门洞高度、室内高度、楼梯间顶高、栏杆高度、阁楼净高、地下室净高、灯具安装高度、淋浴喷头高度、床的长度。这些尺寸一般按男性人体身高上限加上鞋的厚度确定。

尺度按较低人群确定的包括：楼梯的踏步、盥洗台的高度、操作台的高度、厨房的吊柜高度、搁板的高度、挂衣钩的高度、室内置物设施的高度。这些尺寸一般按女性人体的平均身高加上鞋的厚度确定。

二、环境心理学

(一)环境心理学的概念

环境是指“周围的境况”。对于室内设计专业来说,“环境”是带给使用者种种影响的外界事物,其本身具有一定的秩序、模式和结构。

空间领域是人们为了满足一定的需求，占据或者获取的“领地”。在现代住宅中，任何功能都可以独自划分出一块领地，如会客休闲区域，会通过一些地毯、沙发等明确地划分出这一空间。

在一个房间中，能看到出口的位置通常都使人感到安全，因此，不管是在怎样的房间里，人们总愿意坐在能看见入口的位置，以观察外界环境的变化。

（二）室内环境设计原理

1. 室内环境中的感知规律

室内空间是建筑空间环境的主体，建筑以室内空间来表现它的使用性质。在大自然中，空间是无限的，但是空间可以通过运用物质手段来限定，以满足人们的各种需求。进入建筑物中您就会感受到空间的存在，这种感受来自于周围室内空间的天棚、地面与墙面所构成的三度空间。

2. 室内空间界面给人的感受

空间的尺度直接影响到人对空间的感受。为了营造宏伟、博大、庄严、神秘或亲切的气氛，须按照不同的情况赋予不同建筑空间以应有的尺度感。

3. 空间形状与感受

不同的空间给人的感受各不相同，室内空间的形态就是室内空间的各界面所限定的范围，而空间感受则是所限定空间给人的心理、生理上的反响。

第五节 室内设计的要素与原则

一、室内设计的要素

(一)颜色

可以说,颜色是设计师可自由支配的最振奋人心的设计手段。色彩具有瞬时传送设计氛围和风格的潜能,而且还可用来制造视错觉。此外,它是一个室内设计当中最能引起人们初次印象的方面之一。人们可能不会提到设计颜色方案怎样,但他们绝对会评论一个房间看起来是舒适、华丽、诱人、时尚、宽敞、典雅,还是有亲密感——所有这些印象全部直接来自设计当时色彩色调的使用。

1. 色环

理解颜色的关键第一步是色环(图 1-7),它由艾萨克·牛顿爵士在 1666 年发明。约翰尼斯·伊顿曾在 20 世纪 20 年代任教于颇负盛名的包豪斯设计学院,他进一步发展了色环这一概念,从那以后,色环就成为艺术设计教育和国际设计师培训中使用的标准工具。它基于三种原色——红、黄、蓝,并且此三种颜色等距离地排列在一个轮子上。三种原色之间的次生色(也叫等和色)是绿、橙、紫,它们由混合等量的相邻两种原色而成。如果此时把等量于次生色的第三种原色往它旁边的次生色里添加,那么就创造出三次色(橙黄、橙红、紫红等)。

色环的一边集中着暖色——红、橙、黄,因为它们给人一种向观者靠近的感觉,所以通常也叫作“前进色”。在色环的另一边是冷色或者“后退色”:绿、蓝、紫。这些方面将有助于判定一种颜色的彩度和颜色特性。

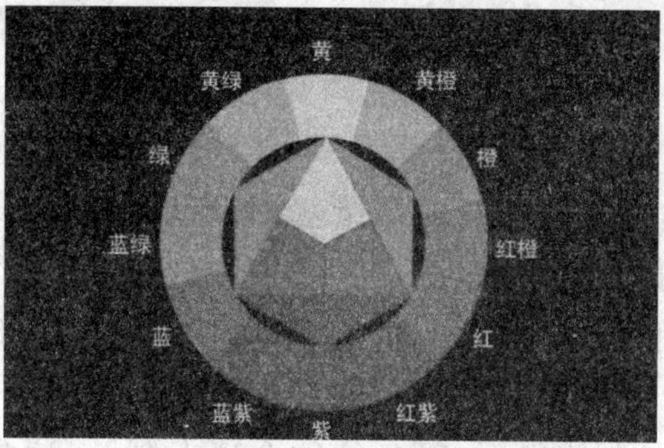

图 1-7　色环

因为尖锐对比的色调会给室内装潢增添生命与激情，所以引进不同色调无论对暖色调用色方案还是对冷色调用色方案都会有益无害。在色环上遥相对应的两种色彩叫作互补色。这些对比尖锐的颜色是制作高度视觉冲击颜色方案的基础。对于一个柔和一点的颜色方案，设计师则会利用色环上彼此相邻的色彩，以求达到理想目的。这就是所谓的“和谐设计方案”，它拥有冷暖两种可能性。在一个只有两种色调的颜色方案中，颜色的彩度和覆盖比例决定方案的主导基调。单色方案是指颜色方案里只使用了一种基本颜色，但明度和彩度有所变化。这种颜色方案相当复杂，不易成功实行，因为不但得确保所用色调里有充足的颜色变体，而且还得保证有足够的质地对比，从而让整个颜色方案不至于过于沉闷。设计师还可以选择三合一色方案，即利用色环上三种等距排列的颜色进行设计，甚至还可以灵活摆弄四种等距颜色。

2. 中性色

运用往原色和次生色中添加白（产生淡色）、灰（产生明暗）或者黑（造成阴影）的方法，可以制造出大量的淡色、明暗和阴影变化。也就是说，另有一组颜色——它们不曾在色环上出现过——叫作中性色。硕果仅存的几种真正中性色分别是黑、白和灰（灰色可以用混合黑与白的方法取得，或者更令人吃惊的是，可以等比例混合所有原色取得）。另外一些“还算可以接受的”中性色具有数量可观的色相变化，它们覆盖了从冷灰、石青、乳白，到暖蜜色、麦秆色和暗棕，其中的色调变化则有白、淡黄、浅灰褐、灰褐色、赭色和红褐色。因此，设计师可以选择一种冷色方案或者暖色方案，以适应房间应有的情绪基调，然后借助色调变化来获得对照和清晰度。虽然一般情况下，中性色方案冷静、高雅、轻松，但是有时它们可能显得清淡或者单调，尤其当用于大面积的墙面、地板或者大块家具的着色时。为抵消这种不利效果，设计方案中勾勒一点点的黑、白颜色往往会出奇制胜，这是因为纯白能给中性色带来新鲜感，强化光线，而纯黑提供了支撑点，有助于辨析界线容易混淆的不同表面。同样，中性色方案里如果能引进感觉鲜明的强调色以造成戏剧性矛盾，设计效果也将会更佳。

3. 色彩心理

现如今，人们普遍认识到不同色彩会以不同的方式影响到人的思维，激起一定的情感。当设计师为一个房间或者某位客户决定一个最终室内设计方案时，很显然他们不可避免地要考虑这个因素。各种颜色在电磁光谱上占据着相应的位置，并且每种颜色振动都有自己的波长，这些波长能造成个体的人对于它们的各种各样的生理和情感反应。例如，红色是活力、能量和挑衅的象征。它明亮而富有激情，但同时会引起一些真实的生理反应，比如血压升高或者脉搏跳动速率加快。相反，蓝色是平静、和谐与献身之色，据说也会使头脑变得锐敏，注意力集中。它可用来营造宽阔视野或者辽阔天空的印象，然而在一些场合，它可能使居住在空间里的主人觉得寒冷。绿色是谐调和疗伤之色，因其多功能性被视作室内装饰中的经典颜色，就像它陪衬了大自然中泥土的中性色调和万花的姹紫嫣红，室内装饰中绿色能与几乎所有颜色进行搭配。黄色和橙色都是使人振作、变得活泼的颜色，用来作为活动室的装饰颜色再好不过；而浅粉红色能安抚人心；紫色和淡紫色能给房间带来宁静和灵性。亮粉色据说能引起性欲和热恋。大面积的白色可反射太阳光线中的色彩能量，使房间的色彩能量得到保存，而且大量使用白色还可烘托出一种光线感和空间感，尽管过多使用会显得过于刺眼。如果把它当成一种明亮的强调色来使用，白色往往能为室内设计带来一丝惊喜。与此相反，黑色吸收了所有的色彩能量，不会向房间空间反射任何东西，因此，它可当成一种能量障碍手段来使用，为某区域制造压抑感。如果设计师想设计一个饱满丰富、子宫般的空间，那么由于棕色里含有淡淡的红和黄，将是比黑色更好的用色选择。这样，整个空间会呈现出泥土般的感觉，也使人觉得更温暖。

在商业类室内设计里，认识色彩的心理层面显得尤其重要，因为对它熟练的人为操纵可创造出特定的室内氛围。例如，它可用于快餐餐厅，阻止顾客在店内的停留时间过长；相反，它还可以专门用于纵容顾客在某个正式餐厅里流连忘返。色彩能在医疗等候室等潜在高压区里发挥作用，给待在里面的人带来镇静；色彩还能出现在商店的室内装潢里，引导顾客走向需要销售的特定产品，从而加快零售过程。

对于各种颜色，人们可能产生许多相通的联想，这可以为空间设计带来好处。比如，粉色代表女性方案，或者白色象征着纯粹天真。然而，这样的色彩联想可能随着文化的不同而发生巨大变化，这里可能存在着一些意想不到的陷阱。例如，在基督教里，红色象征耶稣的血液和殉难；它是红衣主教长袍的颜色，并且在教会年历里，圣徒的节日均用红色标出。但是，对于中国人，传统上红色代表着吉祥和欢乐；而对于美洲印第安人或者在凯尔特人的传说中，红色是跟死亡和灾难相联系的一种颜色。

颜色还和不同历史时期的室内设计风格产生联系，当设计师面对的设计对象是一座时代建筑时，即使设计师的工作不是对它原有的色彩进行精准复原，仍可能需做一些必要的相关调查研究。例如，18 世纪的英格兰新古典主义颜色包括灰色、暗绿色、丁香紫、杏黄、蛋白色和一系列较重色彩，比如各种蓝色、绿色、粉色和赤褐；另一方面，同时期的美国殖民风格色彩是黄赭、青灰、牛血和深蓝绿，其中深蓝绿通常用于搭配岱赭色。虽然深受英格兰色彩的影响，美国殖民式色素比起乔治王时代的蛋壳黄颜料拥有更多的光泽，这是它们跟牛奶相混合的结果。在法兰西，古典主义的影响可以在赤褐的流行上找到。19世纪，华丽的色彩比如庞贝红、巧克力棕、橄榄绿、靛蓝、普鲁士蓝、勃艮第深红和金黄曾经风靡整个欧洲，尽管当时在法国只用一种颜色比如蓝或绿装饰房间的做法正日益成为一种社交礼节规范。现如今，许多制造商已经制作出各种专业的时代颜料色系，这些系列对于建筑物修复或者保存工作具有不可估量的价值。

当色彩最终被用在室内设计上时，许多因素可能导致颜色实际效果的变异。光线能使颜色看起来完全不搭——甚至一天当中不同时间里的自然光也有可能很大程度上影响到色彩的色觉效果。这就是光线的奇幻效果：光线制造的阴影在房间的某一部分里似乎十分适宜，然而如果到了房间的另一部分就显得格格不入。确实，即使是具有相同批号的墙纸或者编织品，因为光线质量的变动，在同一房间的不同部分里会显示出自身的不谐调效果来，这种情况也不是没有可能。如果该种情况发生了，就有必要考虑遮住光线或者过滤光线。不同类型的光线会引起不一样的色彩再现，所以有必要把一些样本搁置到它们将遇见的所有灯光条件下进行检验，无论白天黑夜。当遇见灯具带有灯罩时，样本则应直接摆到灯泡的下方检验，因为穿越灯罩而照射的光线很可能引起色彩外观的重大变化。很显然，当设计师进行颜色方案设计时，他们需要考虑到房间的朝向方位和进入房间当中的自然光数量和质量。同样值得注意的是，因为人的肉眼只能通过物体反射的光线来感知它，以及世界上不同地区之间的太阳光线质量和颜色有所不同，所以在一个国家里表现良好的一个颜色方案如果直接照搬到另外一个国家，就很可能表现得不尽如人意。

处理颜色搭配问题的专业术语叫作“条件配色”。虽说引起色彩感觉变异的主要元凶是颜色所处的光线类型和质量不同，但它还可能取决于观察颜色所用的不同角度和距离。因此，当从一个角度看去显得互相搭配的两个样本换成另一个角度来观察时，它们可能显得不相干。令人惊奇的是，观察者两眼的间距也能引起色觉的微妙区别，这也就是为什么男人和女人看到的颜色效果不一样的原因之一。

色彩感觉的独特性时有发生，这是因为颜色是一种体验感受而非一个可以触碰得到的物体。人类的眼睛通过隐藏在人眼中的三类“锥体”（由光敏细胞组成）体验到色彩，而每类锥体负责吸收光谱的一部分颜色。这些知觉然后传递给大脑；从而使你能够“看见”并且辨识出这是哪一种具体的颜色类型（人的肉眼可分辨的颜色种类高达700万种）。但是，对于每一个人类个体而言，他们所解读到的一种颜色或者多种颜色的效果可能会千差万别。关于人类个体色觉问题，色盲即是其中的一个极端例子。

虽然这一点说起来极其复杂，但是这也说明为了确保各种颜色确实相互搭配或者和谐，设计师务必在布置颜色方案时，多花费些时间和精力来审视这些方案在自然光照和人工光照条件下以及在它们即将使用的空间中的实际情形如何，这一项操作是多么重要。

色彩的潮流动向时时被关注，此时各类杂志刊物和相关研讨会都很有用处，色彩专业人士通常会在那里预测最新的用色时尚和颜色组合，以帮助设计师的颜色方案保持时髦。同样有意思并值得引起注意的是，时尚的变化也能够影响颜色的感知方式，正因为如此，当普通色域跟最新的时尚色域摆在一起时，它们看上去的感觉可能完全不一样。

（二）材质

要是没有足够的材质对照，许多设计方案将显得枯燥或者没有生机；大多数方案都能从至少三种材质变化的介入而得益。事实上，让两种非常不同的材质布料彼此相对，能够立刻使一个装饰方案变得生机盎然。质地不同还影响了人们对于颜色的感知，因为各种材料吸收和反射光线的效果不尽相同。设计师通常会把反光材质——比如光泽涂料、釉面瓷砖、丝绸纺织品、高抛光家具等，和消光材质——比如厚重的小地毯或者地毯、粗花呢、亚麻布、糙木头和无光涂料等，进行混搭，从而给设计方案带来生机和趣味。材质对比不必只局限于柔软的饰面材料，叠加坚硬的材质比如毛玻璃、纹理丰富的木材、光滑的石料等能为最简单的空间带来立体感。

（三）纹理花样

纹理或者花样，不但可立即把风格带入空间之内，而且它还是一种具有实际功能的选择，原因在于它掩盖了在素色平面上本来容易窥见的斑点瑕疵。此外，纹理花样还有助于打破大面积的素色表面，从而把动感带进一个设计方案当中。它能产生视性错觉，墙壁上的垂直纹理能使墙壁显高，水平纹理则好像可以降低天花板的高度。设计师需要根据纹理花样所处的空间和观看的角度来设计纹理使用的范围。例如，当从一个大空间的远处看时，小幅纹理花样可能只具有几何效应，而在一个封闭空间里使用大幅纹理花样，则很可能有让人眩晕的功效。然而，规矩的产生是用来打破的，一位自信满满、经验丰富的设计师往往能以不常见的方式妥善处理各种尺寸的纹理花样，并使其呈现出让人惊绝的效果。

（四）材料

对现代社会的设计师来说，为室内设计挑选产品的时候，也许最重要的考虑因素是产品的可持续性。也就是说，他们必须心怀一种概念，使室内装饰中使用的资源材料不会给环境造成消极的影响。虽说建筑物在它的建造、应用期间甚至拆除的时候对环境的消极影响为零，这种理想目标极难达到，但至少存在着一个个的设计抉择，设计师如果认真去做，就可接近这种理想状态。

设计师必须从整体功能着眼，去思考每种产品造成环境污染的可能性，从它的原材料的开采，到使用期间对环境的影响，到最终的遗弃,步步追踪,细致考虑。但是,值得引起设计师重视的是,设计师要确保他所建议的环保替代产品必须跟原先选择使用的装饰产品一样好用。对于设计师来说,无论怎样,任何使用不适当或者劣质产品的借口都是不成立的。

1. 木料

木料(图 1-8)可用于建筑构造和室内装饰双重目的,它的供应来源既可能是未加工木料,即直接来自砍伐的树木,也可能是加工木料,即原木已被加工成具有规则尺寸的板块或薄片。加工木料产品包含有胶合板、木芯板、木屑板和纤维板。未加工木料能给予人一种质感,但是价格昂贵而且容易崩裂或者变形,而加工木料虽然性质稳定,易于使用,却被普遍认为低质。

图 1-8 木料

近些年来,关于室内装饰中硬木的使用越来越引起人们的广泛关注,这是因为硬木来自于橡树、柚木树等落叶树,它们的成长十分缓慢,重新种植不容易。通常来说,硬木只用于高品质的家具制造、细木工和细节设计。软木来自于生长较快的针叶树,比如花旗松和云杉,它们可同时用于制作装饰和建筑构架两种木工。

对于广泛用于家具制造的中密度纤维板和胶合板等压缩木料产品,也存在着一些担忧。在这些材料里,用于粘合各层木料的树脂均含有甲醛,而甲醛在材料使用的生命期会一点一点地散发到空气中。这可能引起哮喘、咳嗽、疲劳、皮肤疱疹和其他健康状况的发生。

设计师应切实知道木料的可持续开采和不可持续开采之间的区别,这一点极其重要,并且他还应清楚了解所开采木料的原产地。如果过度砍伐继续进行,不仅一些硬木树种即将灭绝,而且对森林的不加控制、违反法律法规的清扫会导致大面积森林的毁灭破坏,同时造成地表不稳,容易遭到降雨的侵袭,这样的话其结果就是山体滑坡和人命的丧失。

经济使用木质材料的方法就像饰面薄板一般——一片片薄薄的“真材实料”被镶饰到中密度纤维板或者胶合板的表层。它们可以按不同的方式结合在一起,用来制作各种不同的装饰效果。木料还可以上漆、木质染色、打蜡或者进行粉末涂层,粉末涂层也就是说染料被“烤炙”到一个表面上从而取得坚韧、有弹性的饰面特效。

2. 金属

近年来,金属在商业类设计当中常有使用,并且现在它还挤进了居民住宅市场。然而,金属是一种十分硬朗的装饰材料,所以使用它的同时空间里的声学效果需要好好考虑。另外,如果不对其表面加以保护,金属容易失去光泽,而且它还容易被划伤和染上指痕。尽管如此,在制作柜台方面锌和不锈钢不失为广受欢迎的一种选择,钢和铝有时还用于装饰板面和细节设计。

3. 玻璃

玻璃(图 1–9)的坚硬程度令人吃惊,它是个万能装饰材料,在建筑构造上可用作砖头或者制作“悬浮”楼梯。它是在不妨碍光线照进空间的条件下,对空间进行划分和切割的有效工具,并且还可以用作厨房的防溅挡板和工作台面。玻璃是一种相对昂贵的装饰材料,但是在现代风格的室内设计中,它本身兼具的牢固和透明颇得现代设计的要义。玻璃还能进行蚀刻或者丝网印刷,从而达到一种装饰效果。不但大幅玻璃片,玻璃瓷砖现在也能买到。长久以来,反射玻璃颇得设计师们的赞赏,因为它不但反射光线,而且还增加了空间感,让空间看起来更宽敞。

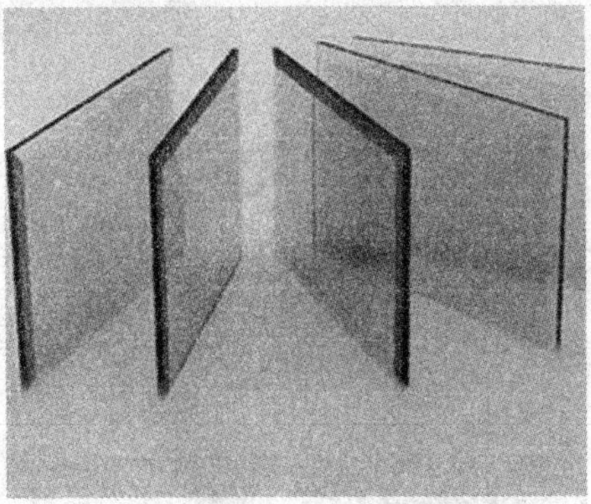

图 1-9　玻璃

4. 瓷砖

瓷砖（图 1-10）提供了一种实用的、易于清洁的表面装饰，另外它还不失为一种设计多面手。当在一块大面积区域使用同色同大小的瓷砖时，它们显得光滑，现代味儿十足。非但如此，当把不同式样和尺度的瓷砖混合使用或者相互嵌镶时，它们还可创作出各种有意思的装饰效果和纹理花样。

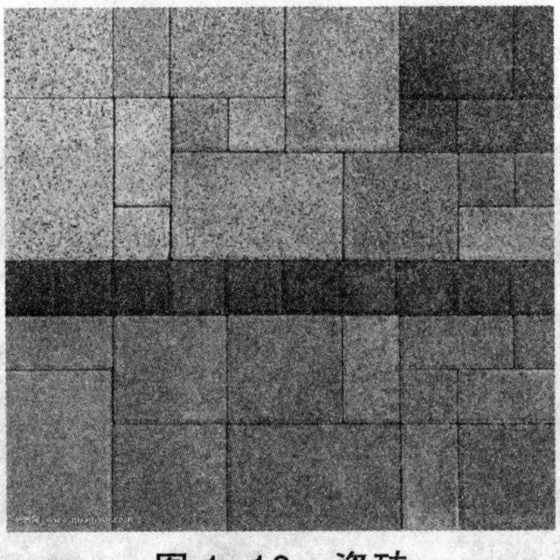

图 1-10　瓷砖

5. 层压板

层压板（图 1-11）是一种非常坚韧耐磨的装饰材料，它是在高温高压的外界条件下用树脂把几层纸张粘合成的一个薄片。然后，它的最上层能印成任何颜色或者设计图案。层压板可粘合到中密度纤维板或者胶合板上，用来作为橱柜或者工作台的表层饰面。

图 1-11　层压板

6. 石膏

石膏（图 1-12）是一种通常施用于墙面和天花板的材料，从而可建立一个平坦的表层饰面，方便刷漆或者张贴墙纸，但是它还能直接用于装饰——要么作为传统模塑，要么创作现代风格的设计作品。抛光石膏尤其耐磨，可用于精巧地把花样和材质变化带进设计方案。它可以经过进一步的修饰加工变得粗糙，富有材质感，或者变得光洁反光。

图 1-12　石膏

7. 混凝土

混凝土既可用于室内装修，也可混进一种合适骨料，如石子用于建筑。用在室内设计上，它可以当墙面覆盖来使用，甚至于用来做家具。然而，由于混凝土生产过程带来大量的污染，其中包括大量温室气体，它不是一件对环保有利的装饰产品。

二、室内设计的原则

（一）设计原则

1. 人体尺寸

为了设计出适合人类使用的舒适而且功能化的空间，设计师需要理解人类的人体尺寸和体型。在人体尺寸方面，有三个科学领域可能对设计师非常有帮助，它们分别是人体测量学、空间关系学和人体工程学。

人类的体型可划分为三种——圆胖型、肌肉型和瘦长型。对体型的辨认和评估以及它们如何受年龄、运动和环境的影响叫作“体型分类学”，最初作为一门科学技术由谢尔登在1940年提出。在设计领域里，对人体实际尺寸的测量和人体动作的研究叫作“人体测量学”。这些科学领域使设计师获得测量人体大小、形状和观察取物特征等人体动作的方法，确保室内有足够的空间可供里面的人们进行舒适的活动——站、躺、坐、行。设计师需要熟悉现实某种活动所需的空间大小，以使最终使用者在设计的空间感到舒适。某些活动——如把宝宝放到婴儿床里，穿外套，洗浴之后拧干毛巾或者整理床铺——所需空间的大小以及最合适的工作台高度或者贮藏室门口的高度，都必须在设计项目初始的布局设计阶段考虑清楚。标准家具和配件可能不适合身材过高或者过矮的客户，所以设计师可以建议量身定制其中的一些，当然也不能把它们搞得过于怪诞，避免让来访的客人感到不适。

对空间的进一步发现和使用的研究关系到人们对于个人空间的观念，即“空间关系学”，在这一点上，不同文化的人们可能表现出不一样的态度。当设计一个房间的布局时，对特定场合里人与人之间的最佳距离的考虑很重要。如何设计的决定将受到此空间是属于私人的还是公共的、空间里会发生些什么类型的行为等因素的影响，并且具体的要求还可能随着文化的不同而有所变化。

为了搞好空间布局，设计师还要涉足的另一个科学领域是"人体工程学"。人体工程学关乎人与他们生活环境的互动，以及为了获得最佳使用效果的产品设计方法。在记录测量数据方面，人体工程学比人体测量学研究得更为深入。由于好的人体工程学设计能够起到缓解疲劳或者伤害的作用，因此对于在空间里要反复从事某些任务操作，或者人需要在空间里长久停留的情况，深入研究人体的尺寸就显得尤其有价值。办公座椅的设计就是人体工程学设计发挥重大作用的一个很好的例子；对操作台或者其他表面的设计是运用人体工程学的另一个好例子。

人体工程学对设计师的明确价值在于，它为设计师提供了一系列在家庭住宅、工作地点和其他公共环境场所进行活动所必需的社会距离数据。

2. 尺度与比例

尺度是指根据一个已认定标准的某物的实际大小，而比例则代表了一个结构体不同部分之间的关系。长期以来，人们发明比例划分体系，试图确立美的理想尺寸。它们也使得设计师或者建筑师得以确定一组相互连贯的创造平衡感与和谐感的视觉关系。现代关于尺度和比例的认识大多数仍然基于对经典比例划分体系的研究之上。"经典"一词最初只用于形容上级阶层的罗马纳税人，它的意义逐渐延伸，后来也包含了作家和艺术，最终它的含义演变成一种"较高的权威"。历史上，每当发生对经典风格的回归，总是毫无例外地与渴望回归规律和秩序相联系，或许这是对古代罗马辉煌的一种回顾。

虽然一提起经典风格，人们往往想起华美的建筑细节，但是反映在古希腊庙宇设计上的希腊经典风格的根本基础却全部关乎比例。在人类建筑历史变迁中所发生的只是原始华美的建筑细节被大大地简化了,而各种比例关系尽管也被明显微缩,却一直存留。仔细观察,许多现代建筑和室内设计的产生仍然是基于这些未曾变化的比例关系。正是靠着这些比例,设计师才能规划空间、设计布局和布置家具物品,打造了一种和谐感、平衡感。

3. 经典法则

也许最重大的影响一直来自于"经典法则"。在经典建筑中,这些法则表现为一根带有基座、柱轴、柱头和檐部的柱子,檐部包括额枋、檐壁和檐口。柱子的各部分按照五种法则之一进行装饰和划分比例:多利克式、爱奥尼式、科林斯式、托斯卡纳式和混合式。

有两部出版物对经典法则中的各种细节做了规定。第一部由罗马建筑师和理论家维特鲁威斯写成,他为恺撒大帝御用并写就《建筑十书》,为庙宇的设计和比例划分确立了指导原则。从文艺复兴早期开始,在1414年它被重新发现之后,维特鲁威斯的著作就产生了巨大的影响,在15世纪、16世纪出现了不同版本和翻译。另一部出版物的诞生较晚,由16世纪意大利建筑师西巴斯蒂罗·赛利奥所著,该书为文艺复兴时期理论家对古罗马各种艺术标准和主题的还原工作提供了重要线索。16世纪意大利建筑师安德里亚·帕拉第奥是一位公认的伟大建筑师,他利用对称布局、与艺术和自然形式相关联的和谐比例及设计原则,进一步补充和明确了文艺复兴的各种理论。

4. 东方比例

东方人采用了一种完全不同的方式来接近经典风格,它的重点仍然是对称与和谐,但是基于来自传统日本长度单位"间"的一种简单网格之上。这个"间"的测量单位来自于日本榻榻米的尺寸,一个榻榻米的大小差不多等于人体躺下的长度。在东方风格的室内设计中,天花很低并且线条简单,这就产生了比希腊经典风格更具私隐感的个人空间。东方风格也比希腊经典风格更加灵活，因为它不需要维持中轴，反而利用非对称布局设计来创造所需的室内和谐与平衡。

5. 模度系统

一个近代一些的比例划分体系叫作“模度”，是由现代主义建筑大师勒·科布西耶提出的。它建立在黄金分割和菲波纳契序列的基础之上，然而实施起来得按照人体尺度比例进行，是一种用来“把人体尺度贯彻到方方面面”的现代建筑和设计艺术。

（二）秩序原则

1. 基准

基准指的是可供参考的一条线、一个平面或者一个立体，用于把各种形状的物体和空间组织进一个样式当中。设计师一旦确定了一条要用的固定水平线，那么所有的深度和高度都可以由此得到确定。当规划家具布局时，设计师可在基准线的周围决定家具的布置方式。

2. 对称与非对称

在古希腊经典建筑中，各空间之间会给定一个粗线条，然后围绕着这条线，对称地或者有系统地对各个不同部分做设计安排。这个通常设置于中间的轴线帮助设计师创造出和谐与平衡的感觉。对称有时被老师比作“镜像”，以有助于学生对于这个概念的理解，它描述了围绕着一条轴或者一个中心点相同形状和空间的平衡分布。

对称排列全关乎平衡和形式，一般成对出现。正像一切设计原理那样，对称性可应用于一个房间的垂直划分和水平划分。对称的分布看起来养眼，但也可能使空间显得枯燥无味。设计师可以在设计中引进一些散布但精致的非对称装饰，以抵消这种负面影响。

和对称相反，非对称性是指非等同形式之间的平衡，它依赖于人眼对各个物品的视觉重心,利用杠杆原理平衡它们的排列分布。

对于圆形物品的半径平衡也是一项重要的设计原理,根据这个,为了制造出让人满意的视觉感受,半径的两边必须存在平衡,就好像印第安人的棚屋的各个部分一样。例如,如果设计师要在一张圆形桌子上放置物品,只放置两个可能显得不够和谐,但在中央放置一块大的,或者在圆心的等距点上同时放置几个物品就能产生让人愉快的视觉审美效果。

3. 平衡与对比

从中国的传统上说,线条能对人的心理产生影响。尽管水平线条能给人一种宁静感,垂直线条更加使人精神振作,但是两者合一据说能带来和谐感。风水术根源于中国古代哲学和道教,它是以相信宇宙万物都围绕着一种名为“气”的宇宙生命力为基础的。“气”的本身由“阴”和“阳”两种相反力量组成,它们应该时刻地保持平衡的理想状态。现在,这个古老的中国哲学和它对生命运转的阐释被改编成许多不同版本,广泛地在全世界得到运用,创造出既平衡又和谐的室内空间。虽然风水术通常很复杂,但是在人体工程学和空间流线方面,它的许多原则可以跟西方的思想相互联系。而且,在色彩运用、装饰和象征主义上,它们也有许多平行之处。

可以用多种方式把对比引进室内设计当中,比如:形式对比,借此不同的形状、高度和尺寸都可以设计进一个空间里;颜色对比(即使单色的设计方案也可加入某些对比,以突出需要);质地对比;灯光、阴影对比。

4. 节奏与重复

空间里有太多各自相异而且不相连的元素容易令人不安,设计师可以运用元素或者花样的重现来制造节奏和重复,从而帮助避免这个问题。关于这一点的设计理念可能包括:有规律地在一条直线路径上设置完全一样的物体;一系列重复出现的建筑特征,比如柱子、壁柱或者线条显眼的一样的窗户等;或者重复较小的细部，比如具有一样画框的图画或者水平放置相隔同等距离的一簇簇装饰性物品。

5. 视觉焦点

人们的眼睛总会不自觉地寻找和被空间里的某个固定点吸引，这是人类的本能。因此，无论怎样设计，所有的房间都需要某种焦点或者特殊强调。这样的东西可能很显眼，比如打扮得引人注目的一个壁炉或者装在墙上的蜗形腿台桌；但也可以是一处非对称放置的焦点，或者不属于房间本身，而是为观看户外风景设计的一个窗框。

第六节　室内设计的方法

从设计者的思考方法来分析，室内设计的方法主要有以下三点。

一、总体构思与细部推敲相结合

大处着眼，是室内设计应该考虑的基本观点。大处着眼也就是以室内设计的总体框架为切入点，这样能使设计的起点比较高，有一个设计的全局观念。框架建立之后，接下来就是细化的问题，也就是细处着手的问题，这就涉及具体的内容。只有这样，设计才能深入，并比较符合客观实际的需要。

二、局部与整体协调统一

“里”是指某一室内环境，“外”是指与这一室内环境连接的其他室内环境，以及建筑物的室外环境，里外之间有着相互依存的密切关系。设计时需要从里到外，从外到里多次反复协调，才能更趋完善合理，使室内环境与建筑整体的性质、标准、风格，与室外环境相协调统一。经过“从里到外”“从外到里”的推敲,设计的整体性才能达到最大。

三、立意与表达并重

意在笔先原指创作绘画时必须先有立意,即深思熟虑,有了“想法”后再动笔,也就是说设计的构思、立意至关重要。可以说,一项室内设计,没有立意就等于没有“灵魂”,设计的难度也往往在于要有一个好的构思。具体设计时意在笔先固然好,但是一个较为成熟的构思,往往需要足够的信息量,需要有商讨和思考的时间,因此有时也可以边动笔边构思,即所谓笔意同步,在设计过程中使立意和构思逐步明确,但即使如此,关键仍然是要有一个好的构思。

对于室内设计师来说,必须正确、完整,又有表现力地表达出室内环境设计的构思和意图,使业主和评审人员能够通过图纸、模型、说明等表达手段,全面地了解设计意图。图纸质量的完整、精确、优美亦应该是一个优秀室内设计作品的必备品质。

第二章　室内空间中的界面处理与设计

室内的界面有墙面、地面、顶棚以及各种隔断，在所属室内的空间中，这种界面的分界线是十分清晰的，它们有自己的结构和特点。在对这些界面的设计与处理时，我们总是要运用各种手法，利用形、色、光、质等造型因素，对界面进行设计，有效地烘托室内环境和氛围。本章是对室内空间中的界面处理与设计的详细论述。

第一节　室内空间中的界面及其构成方式

建筑物的室内空间是由地面、顶面、墙面围合限定而成的，它们共同确定了室内空间的大小、形状以及室内环境的气氛。各界面的设计依靠材质、色彩、灯光、结构、形态等的综合手法进行设计，可以有效地烘托室内环境气氛。

一、顶界面

顶界面主要是室内的顶棚，顶棚的高低处理直接影响到室内空间的垂直高度，因此顶棚的高低会给人带来不同的心理感受。纵深高旷的顶棚，会使人有开阔、向上、崇高之感；相反，低空间的顶棚会使人有亲切、温暖之感。此外，它与结构的关系十分密切，是灯具和通风所依附的地方，所以设计顶棚时必须全盘考虑各方面的因素。虽然顶棚不像地面和墙面那样能被人直接接触和使用，但顶棚的各种形式变化与艺术照明的结合又能给整个空间增加感染力与层次感，同时对人流的动线也起到了暗示的作用。

顶棚为设计师提供了广阔的设计天地，它的造型设计也直接影响到地面的设计。在处理手法上，顶棚可以用材料直接与建筑框架连接，或者在结构框架上吊挂；另一种是让结构暴露出来，当作顶棚，这种形式的顶棚粗犷，但极富结构的自然美。而吊顶则会增加顶棚的层次感，有细腻丰富的整体感。

二、侧界面

墙体作为室内空间最主要的侧界面，不仅完成了空间的围合作用，同时也保证了室内空间中人的学习与生活。它应具有保温、隔热、隔音的功能。按照在建筑物中的位置，墙体可分为外墙和内墙，如临街或直接与室外相邻的墙面是外墙；按承受力的性能可分为承重墙和非承重墙，在建筑中承载建筑负荷的墙是承重墙。在室内设计中，墙面不仅完成了其在空间的实用功能，也淋漓尽致地发挥着它的装饰作用。例如歌厅的墙面设计既要美观，更要解决隔音问题。因此，墙面的装饰与功能要依据室内的使用特点。如商场、办公空间的墙体要简洁、大方，这是因为商场的商品才是突出的重点。相反，餐厅和歌舞厅为了吸引人或调动人们的情绪，则需要将墙面设计得丰富多彩。

三、底界面

地面是人们行走的水平面，是室内空间的基面。它不仅可以支撑家具，而且还是人们重要的室内活动平台。作为物体和人类的承受面，它必须具有很强的耐磨性，并应具有保暖、防潮、防火、防滑等特性。地面作为视觉的主要因素，需要与室内其他元素相协调，且应具有引导性。地面的材料有纯木质和复合木质地板、瓷砖、大理石、塑胶、地毯等多种材料，设计师可根据室内的功能要求进行选择。

第二节　室内空间中的界面设计原则与要点

一、界面设计原则

界面与部件的装饰设计，可以分为造型设计和构造设计两大类。

（一）安全可靠，坚固适用

界面与部件大都直接暴露在大气中，或多或少地受到物理、化学、机械等因素的影响，有可能因此而降低自身的坚固性与耐久性，如钢铁会因氧化而锈蚀，竹、木会因受潮而腐烂，砖、石会因碰撞而缺棱掉角等，为此在装饰过程中常采用涂刷、裱糊、覆盖等方法加以保护。

界面与部件是空间的“壳体”或“骨架”，往往要有较高的防水、防潮、防火、防震、防酸、防碱以及吸声、隔声、隔热等功能。其质量的好坏，不仅直接关系到空间的使用效果，甚至关系到人民的财产与生命，因此在装饰设计中一定要认真解决安全可靠、坚固适用的问题。

（二）造型美观，具有特色

要充分利用界面与部件的设计强化空间氛围。要通过其自身的形状、色彩、图案、质地和尺度，让空间显得光洁或粗糙，凉爽或温暖，华丽或朴实，空透或闭塞，从而使空间环境能体现应有的功能与性质。

要利用界面与部件的设计反映环境的民族性、地域性和时代性，如用砖、卵石、毛石等使空间富有乡土气息；用竹、藤、麻、皮革等使空间更具田园趣味；用不锈钢、镜面玻璃、磨光石材等使空间更具时代感。

要利用界面和部件的设计改善空间感。建筑设计中已经确定的空间可能有缺陷,通过界面和部件的装饰设计可以在一定程度上弥补这些缺陷。如强化界面的水平划分使空间更舒展;强化界面的垂直划分减弱空间的压抑感;使用粗糙的材料和大花图案,可以增加空间的亲切感;使用光洁材料和小花图案,可以使空间显得开敞,从而减少空间的狭窄感;用镜面玻璃或不锈钢装饰粗壮的梁柱,可以在视觉上使梁柱"消肿",使空间不显得拥塞;用冷暖不同的颜色可以使空间分别显得宽敞和紧凑等。

要精工细作,充分保证工艺的质量。室内界面和部件大都在人们的视野范围之内,属于人们近距离观看对象,一定要该平则平,该直则直,给人以美感。要特别注意拼缝和收口,做到均匀、整齐、利落,充分反映材料的特性、技术的魅力和施工的精良。

在界面和部件上往往有很多附属设施,如通风口、烟感器、自动喷淋、扬声器、投影机、银幕和白板等。这些设施往往由其他工种设计,直接影响使用功能与美感。为此,室内设计师一定要与其他工种密切配合,让各种设施相互协调,保证整体上的和谐与美观。

(三)选材合理,造价适宜

选用什么材料,不但关系功能、造型和造价,而且关系人们的生活与健康。要充分了解材料的物理特性和化学特性,切实选用无毒、无害、无污染的材料。要合理表现材料的软硬、冷暖、明暗、粗细等特征,一方面切合环境的功能要求,一方面借以体现材料的自身表现力。要摒弃"只有使用名贵材料才能取得良好效果"的陈腐观点,努力做到优材精用、普材巧用、合理搭配,要注意选用竹、木、藤、毛石、卵石等地方性材料,达到降低造价、体现特色的目的。要处理好一次投资和日常维修费用的关系,综合考虑经济技术上的合理性。

（四）优化方案，方便施工

针对同一界面和部件，可以拿出多个装修方案。要从功能、经济、技术等方面进行综合比较，从中选出最为理想的方案。要考虑工期的长短，尽可能使工程早日交付使用。要考虑施工的简便程度，尽量缩短工期，保证施工的质量。

二、界面设计要点

（一）界面与材料

材料与构造是构成界面的基础，在室内界面的处理中呈现出两种表象。一种是建筑自身材料与结构的直接视觉表现；另一种是通过装修的手法覆盖在建筑结构上的视觉表现。由于大量的室内界面是以后一种方式进行处理，所以装修就成为室内界面处理的代名词。

显现于视觉的界面材料构造由于自身不同的形态、质地、色彩、纹理会对人的心理产生完全不同的影响。因此，会由于不同材料构造在界面的使用而产生不同的装饰风格。

木材质感温暖润泽、纹理优美、着色性好，历来是室内用材的首选。东方世界用木材创造了以构造为特征的彩画框架装饰体系。石材质感坚硬，纹理色彩多变，雕琢性好，是建筑理想的结构材料，同时也是室内界面铺砌的高档用材。西方世界用石材创造了以柱式拱券为代表的雕塑感极强的界面装饰体系。金属材料质感冷峻平滑、色彩单纯、加工成型可塑性强，但是需要现代加工技术水平的支撑，因此以金属作为室内界面的构造与材料就代表了现代最典型的装饰风格。可见材料与装饰风格有着本质上的联系。

一般来讲，设计者总是希望在界面的处理上选用高档材料，这是因为所谓的高档材料本身具有华丽的外表，易于产生良好的视觉效果。但是滥用高档材料不但得不到好的空间装饰，而且还会因为材料衔接过渡的处理不当，造成适得其反的效果。设计者合理选用与合理搭配材料的能力并不是一蹴而就的简单技巧。同一空间中使用的材料越多，面临的矛盾也就越大，因此一些高档的场所反而用材极为简洁。当然材料用得少就更需要精细的工艺水平。简约主义流行，不少设计者趋之若鹜，但由于并没有真正理解使用材料的真谛，所以材料使用和衔接的尺度比例掌握不好，加之装修工艺粗糙，空间效果反而不如以往。可见简约比繁复在设计的用材上要更见功力。

在一个相对稳定的时间段内，某一类或某一种装饰材料大家用得比较多。这就是材料流行的时尚。这种流行实际上是人们审美能力在室内界面装饰方面的一种体现。喜新厌旧是青年人最基本的审美特征；怀恋旧物则是一般老年人最常见的审美特征。在居住环境的室内装修中，由于新婚家庭的主体是年轻人，主流社会中家庭的决策人又往往是中青年，而这一类家庭的居室装修又占据了室内装饰材料使用的主流，因此也就促成了材料流行的时尚。在公共环境的室内装修中同样也会因为追求所谓的现代感或是时代感，造成某一种新材料的流行潮。

材料的流行从社会公众的角度来看无可厚非，而从专业的角度来看则表现出设计上的不够成熟。运用何种材料构造来处理界面是需要从空间的整体效果来考虑的。

由于材料具有形态、色彩、质感、图案的变化，在图形方案表达中必须采用物质实样的表现方式，这就是材料样板的概念。同样设计者运用材料构造处理界面的能力也需要经过实践的不断磨炼，才能达到炉火纯青的境地。

（二）界面与空间构图

绝大多数的室内是由六个界面构成的矩形空间，即：一个地面、一个顶面、四个墙面，六个界面以其自身的构图组合成为一个空间整体。“由于室内不同于室外，墙——变化的焦点——就成为建筑的主角。建筑就产生于室内功能和室外空间的交界之处。”[①]因此，六个界面中四个墙面的构图，对于整个室内空间产生的视觉作用在一般情况下就具有决定意义。

就室内的单向界面而言，其空间构图在艺术的创作原理上与平面设计中的书籍封面或招贴是一样的，区别仅在于尺度的大小与材料的三维特征。不少初学者因为忽略了室内设计空间表现的四维特征，以孤立的单向界面处理思维方式进行设计，其结果必然导致整体空间构图的失调。

在建筑与室内设计的领域，有一个词非常明确地阐明了界面空间构图的真谛，这就是“交圈”。所谓交圈主要是指四个墙面材料构造的衔接，如踢脚线、挂镜线都是以水平的线性物质表象映入我们的视觉而环绕室内空间一周。当然这是由室内空间的使用功能直接导致的构图模式，但它却反映了界面空间构图的基本规律，至少四个墙面需要作为一个整体来进行构图上的处理。这种规律的产生与人的视线扫描方式有着直接的联系。因为人的视线观察范围是由头部的转动角度来实现的，头部的转动由颈部的运动方式促成，由于生理条件的制约，头部的左右运动远比上下运动来得容易，可以说头部的左右运动是常态，而上下运动是非常态。因此，当室内空间的高度在 3m 左右，也就是说处于头部静止的平视状态，这时视线的 60° 夹角正好将墙面整体映入眼帘。加上随头部左右转动的视线位移，我们对墙体的观察是多向界面的连续印象。总而言之，界面与空间构图的关系是一个有机的整体。在室内空间构图的处理上，既要考虑一般性，也要考虑特殊性。空间构图总是处于统一与对比的反复平衡状态。

（三）界面与设备

室内在建筑构造限定的条件下，几乎所有的设备都要与界面

---

① 罗伯特·文丘里．建筑的复杂性与矛盾性[M]．周卜颐，译．北京：中国建筑工业出版社，1991．

发生关系。由于不同设备都有着自身特定的运行方式,在完成各种室内环境需求功能的前提下,其所处的位置、占用的空间、外在的形象都会对界面的构图产生很大的影响。可以说设计者在室内界面构图的设计过程中,必须充分关注设备的因素。

从界面构图的审美意象出发来考虑问题,主要是处理审美所需的空间构图与设备位置的相互协调。在地面、墙面、顶棚三类界面中,数顶棚与设备的关系最密。照明、空调、音响、消防各类管道都要通过结构楼板与顶棚内的空间,并穿透顶棚界面作用于室内。处理好顶界面的设备管口布局,主要在于各工种之间的相互配合,与其说是技术问题,倒不如说是人的关系问题。也就是说室内设计者要想到由于设备设置可能出现的不利影响,明确各种设备基本的布局方式。

从设备影响的技术角度出发考虑问题,在风、水、电三类设备中,与风有关的设备对界面的影响最大。在自然通风中考虑的是通风窗的尺寸与造型;在人工通风中考虑的是进出风口的位置与口径。窗在中外建筑设计的发展历程中形成了风格各异的样式,成为界面有机构成的整体。

电气设备在室内分为两类,一类直接安装于界面,另一类属于可移动电器。前者要考虑安装位置与造型对界面的影响,后者要考虑电器自身造型色彩与界面之间的关系。

总之,界面与设备所发生的矛盾基本上属于实用功能与视觉审美之间的问题。一般情况下总是审美为功能让路。所以设计者在确立一种设计概念之前,应预计到此类问题发生的可能。在设计方案表达的阶段准确地标注设备位置有助于界面视觉形象空间构图的合理配置。

第三节　室内空间中的界面处理手法

一、界面的处理手法

（一）形体与过渡界面

形体的变化是空间造型的根本，尤其是几何形体的变化，两个界面不同的过渡处理造就了空间个性。室内的界面形体是以不同形式处于同一空间的不同位置，需要通过不同的过渡手法进行处理。

如图 2-1 所示，空间运用了大量的几何形状，两面的墙多为三角形，中间的墙面是圆形的，并且色彩艳丽，使得空间非常活跃；图 2-2 的墙面上是立体尖锐的几何形状，金属的质感和白色的墙面产生新颖别致的感觉。

图 2-1　几何形状图案的面

图 2-2　立体装饰的墙面

（二）质感与光影

材料的质感变化是界面处理最基本手法，利用采光和照明投射于界面的不同光影，成为营造空间氛围最主要的手段。质感的肌理越细腻，则光感越强，界面的色彩亮度越高，不同质感的界面，在光照下会产生不同的视觉效果。图 2-3 的顶面灯饰起到了视线延伸的作用，灯饰在桌面的映衬，使得空间上下成为一个整体。

图 2-3　顶面的自然过渡

（三）色彩与图案

在界面处理上，色彩和图案是依附于质感与光影变化的，不同的色彩和图案赋予界面鲜明的装饰个性,从而影响整个空间。

图案是界面本身所采用材料的纹样处理,这种处理主要应考虑纹样的类型、风格,单个纹样尺寸的大小以及线型的倾向与整体空间的关系。

图 2-4 中的地面铺置的地毯和沙发套,墙面的窗帘颜色都一样,使整个室内的色彩基调相同,墙上的图案点缀又使空间更加活泼,产生了异域的情调。

图 2-4　室内色彩界面

(四)变化与层次

界面的变化与层次是依靠结构、材料、形体、质感、光影、色彩、图案等要素的合理搭配而构成的。室内设计在装饰和造型上都要塑造视觉感丰富的空间形体,使空间也变得有生趣许多。

二、界面的材料造型手法

(一)顶界面的构造

顶部界面的构造方法有很多,下面介绍平顶和吊顶两种最常用的做法。

1. 平顶

平顶多做在钢筋混凝土楼板之下,表层可以抹灰、喷涂、油漆或裱糊(图 2-5)。完成这种平顶的基本步骤是先用碱水清洗表面油腻,再刷素水泥砂浆,然后做中间抹灰层。表面按设计要求刷涂料、刷油漆或裱壁纸,最后做平顶与墙面相交的阴角和挂镜线。如用板材饰面,为不占较多的高度,可用射钉或膨胀螺栓将木搁栅直接固定在楼板的下表面,再将饰面板(胶合板、金属薄板或镜面玻璃等)用螺钉、木压条或金属压条固定在搁栅上。

图 2-5　平顶界面

2. 吊顶

吊顶由吊筋、龙骨和面板三部分组成。吊筋通常由圆钢制作,木龙骨由主龙骨、次龙骨和横撑组成,吊筋和栊骨组成网格形平面,网格尺寸与面板尺寸相契合。为满足防火要求,木龙骨表面要涂防火漆。

轻质板吊顶在工程实践中会大量使用这类板,包括石膏装饰板、珍珠岩装饰板、矿棉装饰板、钙塑泡沫装饰板。塑料装饰板(图 2-6)和纸面稻草板表面多有凹凸的花纹或构成图案的孔眼,因此,几乎都有一定的吸声性,故也可称为装饰吸声板。轻质装饰板的基层可为木搁栅或金属搁栅。

玻璃吊顶多用于空间较小、净高较低的场所,主要目的是增加空间的尺度感,为体现某种特殊气氛,也可用印花玻璃、贴花玻璃做吊顶,它们常与灯光相配合(图 2-7),以取得蓝天白云、霞光满天等效果。

图 2-6　塑料装饰板

图 2-7　玻璃吊顶

金属板吊顶包括不锈钢板、钢板网、金属微孔板、铝合金压型条板及铝合金压型薄板等。金属板具有重量轻、耐腐蚀和耐火等特点。带孔者还有一定的吸声性。

胶合板吊顶的龙骨多为木龙骨，可做成平滑式吊顶，又能做成分层式吊顶、折面式吊顶或轮廓为曲线的吊顶。表面可用涂料、油漆、壁纸等装饰，色彩、图案应以环境的总体要求为根据。

竹材吊顶在传统民居中并不少见。在现代建筑中，多见于茶室、餐厅或其他借以强调地方特色和田园气息的场所，其表面美观耐看，可以排成席纹或更加别致的图形（图 2-8）。

花格吊顶常用木材或金属构成。花格的形状可为方形、长方形、正六角形、长六角形、正八角形或长八角形。为取得较好的空间效果，空间较低时，宜用小花格；空间较高时，宜用大花格。它们用吊筋直接吊在楼板或屋架的下方，并将通风管道等遮蔽起来，楼板的下表面和管道多涂成深颜色。花格吊顶经济、简便，而不失美观，常用于超市及展览馆。

图 2-8　竹材吊顶

图 2-9　花格吊顶

玻璃顶主要指单层建筑的玻璃顶和多层共享空间的玻璃顶。它们直接吸纳天然光线，可以使大厅具有通透明亮的效果（图 2-10）。

图 2-10　拱形玻璃顶

(二)墙面的装饰

1. 抹灰类墙面

以砂浆为主要材料的墙面,统称抹灰类墙面,按所用砂浆又有普通抹灰和装饰抹灰之分。

普通抹灰由两层或三层构成。底层的作用是使砂浆与基层能够牢固地结合在一起,故要有较好的保水性,以防止砂浆中的水分被基底吸掉而影响黏结力。砖墙上的底层多为石灰砂浆,其内常掺一定数量的纸筋或麻刀,目的是防止开裂,并增强黏结力;混凝土墙上的底层多用水泥、白灰混合砂浆。在容易碰撞和经常受潮的地方,面层的主要作用是平整美观,常用材料有纸筋砂浆、水泥砂浆、混合砂浆和聚合砂浆等。

混凝土墙在拆模后不再进行处理的,称清水混凝土墙面(图2-11)。但这里所说的混凝土并非普通混凝土,而是对骨料和模板另有技术要求的混凝土。首先,要精心设计模板的纹理和接缝。如果用木模,其木纹要清晰好看,如果要求显现特殊图案,则要用泡沫塑料或硬塑料压出图案做衬模。其次,要细心选用骨料,做好级配,要确保振捣密实,没有蜂窝、麻面等弊病。清水混凝土墙面,质感粗犷,质朴自然,用于较大空间时,可以给人以气势恢宏的感觉。值得注意的是,其表面容易积灰,故不宜用于卫生状况不良的环境。

图 2-11　清水混凝土墙面

2. 竹木类墙面

竹子比树木生长快，三五年即可用于家具或建筑。用竹子装饰墙面，不仅经济实惠，往往还能使空间具有浓郁的乡土气。

用竹装饰墙面，要对其进行必要的处理。为了防霉、防蛀，可用 100 份水，3.6 份硼酸，2.4 份硼砂配成溶液，在常温下将竹子浸泡 48h。为了防止开裂，可将竹浸在回流中，经数月取出风干，也可用明矾水或石碳酸溶液蒸煮。竹子的表面可以抛光，也可涂漆或喷漆。

用于装饰墙面的竹子应该均匀、挺直，直径小的可用整圆的，直径较大的可用半圆的，直径更大的也可剖成竹片用。竹墙面的基本做法是：先用方木构成框架，在框架上钉一层胶合板，再将整竹或半竹钉在框架上。

木墙面是一种比较高级的界面（图 2-12），常见于客厅、会议室及声学要求较高的场所。有些时候，可以只在墙裙的范围内使用木墙面，这种墙面也称护壁板。

木墙面为防止潮气应在砖墙上做一层防潮砂浆，待其干燥后，再在其上刷一道冷底子油，铺一层油毛毡。除用硬木条板外，实践中也用其他木材制品胶合板有三层、五层、七层等多种，由于成型时的温度与压力不相同，分硬质、中质和软质三种。刨花板以木材加工中产生的刨花、木屑等原料，经切削、干燥，拌以胶料和硬化剂而压成，其特点是吸声性能较高。

图 2-12　木墙面

普通胶合板(图2-13)墙面的做法与条形板墙面的作法相似,如用于录音室、播音室等声学要求较高的场所,可将墙面做成折线形或波浪形,以增加其扩声的效果。当侧界面采用木墙面或木护墙板时,踢脚板一般也应用木的。

图 2-13　胶合板

3. 石材类墙面

装饰墙面的石材有天然石材与人造石材两大类。前者指开采后加工成的块石与板材,后者是以天然石碴为骨料制成的块材与板材。

天然大理石墙面与花岗石相比,大理石的耐风化性能和耐磨、耐腐蚀性能稍差,故很少用于室外和地面。

大理石墙面的一般做法是:在墙中甩出钢筋头,在墙面绑扎钢筋网,所用钢筋的直径为6~9mm,上下间距与石板高度相同,左右间距为500~1000mm。石板上部两端钻小孔,通过小孔用钢丝或铅丝将石板扎在钢筋网上。施工时,先用石膏将石板临时固定在设计位置,绑扎后,再往石板与墙面的空隙灌水泥砂浆,采用大理石墙面,必须使墙面平整,接缝准确,并要做好阳角与阴角。

如今随着幕墙技术的普及,很多地方也开始在室内采用干挂大理石和花岗石的做法。

天然花岗石墙面比大理石更硬、更耐磨、耐压、耐侵蚀。花岗石多用于外墙和地面,偶尔也用于墙面和柱面,其构造与大理石墙面相似。花岗石是一种高档的装修材料,花纹呈颗粒状,并有发光的云母微粒，磨光抛光后，宛如镜面，颇能显示豪华富丽的气氛。

人造石板墙面指预制水磨石以及人造大理石和人造花岗石。预制水磨石是以水泥（或其他胶结料）和石碴为原料制成的，花色和性能均可达到甚至优于天然石。

天然毛石墙面用天然块石装饰内墙者不多，因为块石体积厚重，施工也较麻烦。常见的毛石墙面，大都是用雕琢加工的石板贴砌的（图 2-14）。雕琢加工的石板，厚度多在 30mm 以上，可以加工出各种纹理，通常说的“文化石”即属这一类。毛石墙面质地粗犷、厚重，与其他相对细腻的材料相搭配，可以显示出强烈的对比，因而常能取得令人振奋的视觉效果。使用毛石墙面的关键是选用立面与接缝的形式。

图 2-14 毛石墙

4. 瓷砖类墙面

用于内墙的瓷砖有多种规格，多种颜色，多种图案。由于它吸水率小、表面光滑、易于清洗、耐酸耐碱，故多用于厨房、浴室、实验室等多水、多酸、多碱的场所。近年来，瓷砖的种类越来越多，有些仿石瓷砖的色彩、纹理接近天然大理石和花石岗，但价格却比天然大理石、花岗石低得多，故常被用于档次一般的厅堂，以便既减少投资，又取得不错的艺术效果。

在有特殊艺术要求的环境中，可用陶瓷制品做壁画，也可以用陶瓷锦砖拼贴，还可以在白色釉面砖上用颜料画上画稿，再经高温烧制使用浮雕陶瓷板及平板组合镶嵌成壁雕（图 2-15）。

图 2–15　陶瓷浮雕墙

5. 裱糊类墙面

裱墙纸图案繁多、色泽丰富，通过印花、压花、发泡等工艺可产生多种质感。用墙纸、锦缎等裱糊墙面可以取得良好的视觉效果，同时具有施工简便等优点。

纸基塑料墙纸是一种应用较早的墙纸。它可以印花、压花，有一定的防潮性，并且比较便宜，缺点是易撕裂，不耐水，清洗也较困难。如果用 $100g/m^2$ 的纸，增加涂塑量，并加入发泡剂，即可制成发泡墙纸。其中，低发泡者可以印花或压花，高发泡者表面具有更加凸凹不平的花纹，装饰性和吸声性均为普通墙纸所不及。

除普通墙纸和发泡壁墙纸外，还有许多特种壁纸。

一是仿真墙纸（图 2–16），它们可以模仿木、竹、砖、石等天然材料，给人以质朴、自然的印象；二是风景墙纸（图 2–17），即通过特殊的工艺将油画、摄影等印在纸上，采用这种墙纸，能扩大空间感，增加空间的自然情趣；三是金属墙纸（图 2–18），这是一种在基层上涂金属膜的墙纸，它可以像金属面那样光闪闪、金灿灿，故常用于舞厅、酒吧等气氛热烈的场所。此外，还有荧光、防水、防火、防霉、防结露墙纸等，装饰设计中，可根据需要加以选用。

墙布是以布或玻璃纤维布为基材制成的，外观与墙纸相似，但耐久性、阻燃性更好。

图 2-16　仿真墙纸

图 2-17　风景墙纸

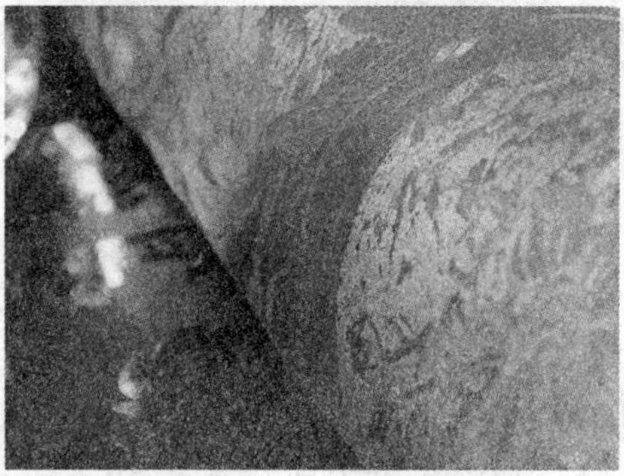

图 2-18　金属墙纸

锦缎的色彩和图案十分丰富，用锦缎裱糊墙面，可以使空间环境由于特定的色彩和图案而显得典雅、豪华或古色古香。锦缎墙面的构造有两类：墙面较小时，可以满铺；墙面较大时，可以分块拼装。

6. 软包类墙面

以织物、皮革等材料为面层，下衬海棉等软质材料的墙面称软包墙面，它们质地柔软、吸声性能良好，常被用于幼儿园活动室、会议室、歌舞厅等空间。

用于软包墙面的织物面层，质地宜稍厚重，色彩、图案应与环境性质相契合，作为衬料的海绵厚 40mm 左右（图 2–19）。

皮革面层高雅、亲切，可用于档次较高的空间，如会议室和贵宾室等。

人造皮革是以毛毡或麻织物做底板，浸泡后加入颜色和填料，再经烘干、压花、压纹等工艺制成的。用皮革和人造皮革覆面时，可采用平贴、打折、车线、钉扣等形式。无论采用哪种覆面材料，软包墙面的基底均应做防潮处理。

图 2–19　软包墙面

7. 板材类墙面

用来装饰墙面的板材有石膏板、石棉水泥板、金属板、塑铝板、防火板、玻璃板、塑料板和有机玻璃板等。

石膏板墙面，石膏板是用石膏、废纸浆纤维、聚乙烯醇胶粘剂和泡沫剂制成的。常用的石膏板有纸面石膏板、装饰石膏板和纤维石膏板。石膏板可以直接粘贴在承重墙上，但更多的是钉在非承重墙的木龙骨或轻钢龙骨上。板间缝隙要填腻子，在其上粘贴纸带，纸带之上再补腻子，待完全干燥后，打磨光滑，再进一步进行涂刷等处理。石膏板耐水性差，不可用于多水潮湿处。

石棉水泥板墙面，波形石棉水泥瓦本是用于屋面的，但在某些情况下，也可局部用于墙面，取得特殊的声学效果和视觉效果。用于墙面的石棉水泥瓦多为小波的，表面可按设计涂上所需的颜色。石棉水泥平板多用于多水潮湿的房间。

金属板墙面是用铝合金、不锈钢等金属薄板装饰墙面，不但坚固耐用、新颖美观，还有强烈的时代感（图 2–20）。值得注意的是，金属板质感硬冷，大面积使用时（尤其是镜面不锈钢板）容易暴露表面不平等缺陷。铝合金板有平板、波型、凸凹型等多种，表面可以喷漆、烤漆、镀锌和涂塑。不锈钢板耐腐性强，可以做成镜面板、雾面板、丝面板、凸凹板、腐蚀雕刻板、穿孔板或弧形板，其中的镜面板常与其他材料组合使用，以取得粗细、明暗对比的效果。金属板可用螺钉钉在墙体上，也可用特制的紧固件挂在龙骨上。

图 2–20　金属墙面

玻璃板墙面（图 2–21）所使用的玻璃种类极多，用于建筑的有平板玻璃、磨砂玻璃、夹丝玻璃、花纹玻璃（压花、喷花、刻花）、彩色玻璃、中空玻璃、彩绘玻璃、钢化玻璃、吸热玻璃及玻璃砖等。这些玻璃中的大多数已不再是单纯的透光材料，还常常具有控制光线、调节能源及改善环境的作用。

用于墙面的玻璃大体有两类：一是平板玻璃或磨砂玻璃；二是镜面玻璃。在有些情况下使用镜面玻璃墙面是适宜的（图 2–22），如空间较小，用镜面玻璃墙扩大空间感；构件体量大（如柱子过粗），通过镜面玻璃“弱化”或“消解”构件；故意制造华丽乃至戏剧性的气氛，如用于舞厅或夜总会；着力反映室内陈设，如用于商店，借以显示商品的丰富；用于健身房、练功房，让训练者能够看到自己的身姿。

镜面玻璃墙可以是通高的，也可以是半截的。采用通高墙面时，要注意保护下半截，如设置栏杆、水池、花台等，以防被人碰破。

图 2-21　玻璃墙

图 2-22　镜面玻璃墙

塑铝板墙面，其表面有多种颜色和图案，可以十分逼真地模仿各种木材和石材，它施工简便，外表美观，故常常用于外观要求较高的墙面。

（三）隔断类造型

隔断与实墙都是空间中的侧界面，隔断与实墙的区别主要表现在分隔空间的程度和特征上。与实墙相比较，隔断限定空间的程度比较小，形式也更加多样与灵活。

1. 隔扇

中国古建筑多用木构架，有“墙倒屋不塌”的说法，它为灵活划分内部空间提供了可能，也使中国有了隔扇、罩、屏风、博古架、幔帐等多种极具特色的空间分隔物。

传统隔扇多用硬木精工制作（图 2-23）。上部称格心，可做成各种花格，用来裱纸、裱纱或镶玻璃。下部称裙板，多雕刻吉祥如意的纹样，有的还镶嵌玉石或贝壳。在现代室内设计中，特别是设计中式环境时，可以借鉴传统隔扇的形式，使用一些现代材料和手法，让它们既有传统特征，又有时代气息。

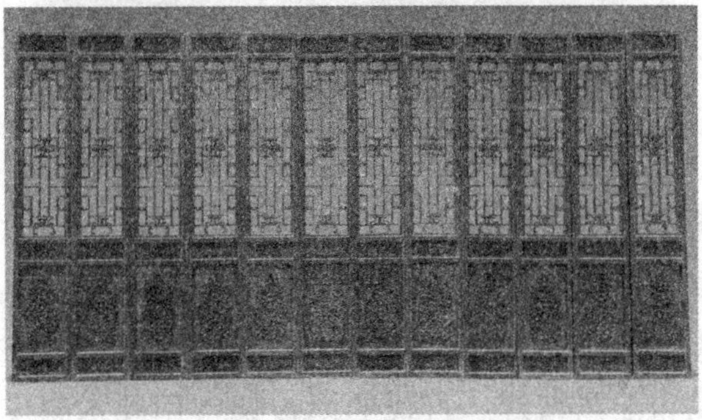

图 2-23　传统隔扇

拆装式隔扇是由多扇隔扇组成的，它们拼装在一起，可以组成一个成片的隔断，把大空间分隔成小空间；如有另一种需要，又可一扇一扇地拆下去，把小空间打通成大空间。隔扇不须左右移动，故上下均无轨道和滑轮，只要在上槛处留出便于拆装的空隙即可。

折叠式隔断大多是以木材制作的，隔扇的宽度比拆装式小，隔扇顶部的滑轮可以放在扇的正中，也可放在扇的一端。隔扇之间须用铰链连接，折叠式隔断收拢时，可收向一侧或两侧。

2. 罩

罩起源于中国传统建筑，是一种附着于梁和墙柱的空间分隔物(图 2-24)。两侧沿墙柱下延并且落地者,称为落地罩,具体名称往往依据中间开口的形状而定,罩往往用硬木精制,名贵者多做雕饰,有的还镶嵌玉石或贝壳。罩类隔断透空、灵活,可以形成似分非分、似隔不隔的空间层次,不仅在传统建筑中多见,也为今天的设计装饰所惯用。

图 2-24　飞罩

3. 博古架

博古架是一种既有实用功能,又有装饰价值的空间分隔物。实用功能表现为能够陈设书籍、古玩和器皿,装饰价值表现为分格形式美观和工艺精致。古代的博古架常用硬木制作,多用于书房和客厅(图 2-25)。现今的博古架往往使用玻璃隔板、金属立柱或可以拉紧的钢丝,外形更加简洁而富现代气息。

图 2-25　博古架

4. 屏风

屏风有独立式、联立式和拆装式三个类别。独立的靠支架支撑而自立，经常作为人物和主要家具的背景。联立的由多扇组成，可由支座支撑，也可铰接在一起，折成锯齿形状而直立。这两种屏风在传统建筑中屡见不鲜，常用木材做骨架，在中间镶嵌木板或裱糊丝绢，并用雕刻、书法或绘画做装饰（图 2-26）。

现代建筑中使用的屏风，可以分隔空间。但高不到顶。能解决部分视线干扰问题，但不隔声。这种屏风多用于写字楼。其最大优点是可以按需组合、灵活拆装，最大限度地提高空间的灵活性和通用性。

图 2-26　传统屏风

5. 花格

花格是一种以杆件、玻璃和花饰等要素构成的空透式隔断（图 2-27）。它们可以限定空间范围，具有很强的装饰性，但大都不能阻隔声音和视线。木花格是常见花格之一，竹花格是用竹竿架构的。

金属花格的成型方式一般有浇铸成型和是弯曲成型。金属花格成型方法多，图案较丰富，尤其易形成圆形，使得花型的曲线十分流畅。

6. 玻璃隔断

这里所说的玻璃隔断有三类：第一类是以木材和金属做框，

中间大量镶嵌玻璃的隔断；第二类是没有框料，完全由玻璃构成的隔断；第三类是玻璃砖隔断。一般全部使用玻璃隔断的以商场和写字楼为主，可以产生一种时尚、现代的感觉。

图 2-27　花格

（四）地面的材料

1. 瓷砖地面

瓷砖极多，从表面状况说有普通的、抛光的（图 2-28）、仿古的和防滑的，至于颜色、质地和规格那就更多了。规格多样，最大的可以到 $1m^2$ 或更大，厚度为 8 ~ 10mm。仿古砖表面粗糙，颜色素雅，有古拙自然之感。防滑砖表面不平，有凸有凹，多用于厨房等地。铺瓷砖时，应做 20mm 厚的 1 ∶ 4 干硬性水泥砂浆结合层，并在上面撒一层素水泥，边洒清水边铺砖。瓷砖间可留窄缝或宽缝，窄缝宽约 3mm，须用干水泥擦严，宽缝宽约 10mm，须用水泥砂浆勾上。有些时候，特别是在使用抛光砖的时候，常常用紧缝，即将砖尽量挤紧，目的是取得更加平整光滑的效果。

2. 陶瓷锦砖地面

陶瓷锦砖也叫马赛克（图 2-29），是一种尺寸很小的瓷砖，由于可以拼成多种图案，现一般统一称为锦砖。陶瓷锦砖的形式很多，有方形、矩形、六角形、八角形等多种。

图 2-28 抛光砖

图 2-29 陶瓷锦砖

为便于施工，小块锦砖在出厂时就已拼成 300mm × 300mm（也有 600mm × 600mm）的一大块，并粘贴在牛皮纸上。施工时，先在基层上做 20mm 厚的水泥砂浆结合层，并在其上撒水泥，之后即可把大块锦砖铺在结合层上。初凝之后，用清水洗掉牛皮纸，锦砖便显露出来。陶瓷锦砖具有一般瓷砖的优点，适用于面积不大的厕所、厨房及实验室等。

3. *石地面*

室内地面所用石材一般多为磨光花岗石（图 2-30），因为花岗石比大理石更耐磨，也更具耐碱、耐酸的性能。有些地面有较多的拼花，为使色彩丰富、纹理多样，也掺杂使用大理石。石地面光滑、平整、美观、华丽，多用于公共建筑的大厅、过厅、电梯厅等处。

图 2-30　花岗石

4. 木地面

普通木地板的面料多为红松、华山松和杉木，由于材质一般，施工也较复杂，已经很少采用。

硬木条木地板的面料多为柞木、榆木和核桃木，质地密实，装饰效果好，故常用于较为重要的厅堂。近年来，市场上大都供应免刨、免漆地板，其断面宽度为 50mm、60mm、80mm 或 100mm，厚度为 20mm 上下，四周有企口拼缝。这种板制作精细，省去了现场刨光、油漆等工序，颇受人们欢迎，故广泛用于宾馆和家庭。

条木拼花地板是一种等级较高的木地板，材种多为柞木、水曲柳和榆木等硬木，常见形式为席纹（图 2-31）和人字纹，单层拼花木地板均取粘贴法，即在混凝土基层上做 20mm 的水泥砂浆找平层，用胶粘剂将板条直接粘上去。双层拼花木地板是先在基层之上做一层毛地板，再将拼花木地板钉在它的上面。

图 2-31　席纹木地板

复合地板主要是指实木复合地板和强化复合地板两大类，是近年来在国内装饰材料市场流行起来的一种新型、高档的地面装饰材料，尤其是国外产的复合地板，占有很大的市场份额。由于复合地板具有原木地板的天然质感，又有良好的硬度与耐磨性，且在装饰过程中无须油漆、打蜡，污染后可用抹布擦，还有较好的阻燃性，因此很受广大用户的青睐。

复合木地板（图 2-32）周围有拼缝，拼装后不需刨光和油漆，既美观又方便，是家庭和商店的理想选择。复合木地板的主要缺点是板子太薄，弹性、舒适感、保暖性和耐久性不如上述条形木地板和拼花木地板。铺设复合木地板的方法是，将基层整平，在其上铺一层波形防潮衬垫，面板四周涂胶，拼装在衬垫上，门口等处用金属压条收口。

图 2-32　复合木地板

第三章　室内空间的组织与设计

室内空间是人们使用的建筑物内部的空间，对室内空间的改造要符合人们的需要，还能满足相应的功能需求，在此基础上还包含着当地的历史、环境、文化等诸多因素，综合运用了各种技能和手法，具有鲜明的特点。本章是对室内空间的组织与设计进行相关的论述，包括室内空间的类型与划分、组织与设计、技术设计。

第一节　室内空间的类型与划分

空间的多种造型是人们物质生活丰富后而产生的相应的精神生活需要，现在我们所能创造的空间样式，是在科技水平提高、知识丰富积累、人们的经济水平也越来越高的基础上产生的新思想，在这种思想的指导下孕育出的多样室内空间类型。以下是几种常见的室内空间类型与划分。

一、结构空间

通过对结构外露部分的观赏，来领悟结构构思及营造技艺所形成的空间美的环境，可称为结构空间。人们对结构的精巧构思和高超技艺有所了解，引起赞赏，从而更加增强室内空间艺术的表现力与感染力，这已成为现代空间艺术审美中极为重要的倾向。

图 3-1 是一个钢结构的空间，所有的结构都展示出来，这是一种现代的设计风格，形成了独特的几何形体美，充满了力度与

动势，吸引人们的注意。

图 3-1　结构空间

二、开敞空间

开敞的程度取决于有无侧界面，侧界面的围合程度，开洞的大小及启闭的控制能力等。开敞空间是外向性的，与外界的联系密切，限定度和私密性较小。和同样面积的封闭空间相比，要显得大些。心理效果表现为开朗、活跃，性格是接纳性的。开敞空间经常作为室内外的过渡空间，有一定的流动性和很高的趣味性，是开放心理在环境中的反映。

图 3-2 的室内设计是连窗户都没有的空间，站在屋内可以没有任何遮挡物地望向远方，视野极为开阔，配合着室外的美景令人心旷神怡，将风景尽收眼底。空间的外侧界面用透明的低玻璃做围挡，更是最大化地开阔了室内环境；内侧界面同样使用深色玻璃材质，顶棚也是用了透明的玻璃遮挡，使得阳光可以照到室内。

图 3-2　开敞空间

三、封闭空间

封闭空间一种内部与外部相连较少的空间，与周围环境的流动性较差，性格是封闭的、内向的。随着围护实体限定性的降低，封闭性也会相应减弱，而与周围环境的渗透性相对增加，但与虚拟空间相比，仍然是以封闭为特色。在不影响特定的封闭机能的原则下，为了打破封闭的沉闷感，经常采用灯窗、人造景窗、镜面等来扩大空间感和增加空间的层次。

图 3-3 是卧室的设计，采用了封闭式的方法，将全封闭式的整体衣柜架向前到墙内的设计，使得整个卧室显得紧凑，推拉的衣柜更像是墙面，是整个空间有很强的私密性，让人居住其中充满安全感。室内的窗户打破了封闭空间的压抑感，不会让人感到沉闷。

图 3-3　封闭空间

四、动态空间

动态空间是一种空间形式非常活泼、灵动的空间类型。其主要特点是空间呈现出多变性和多样性，动感较强，有节奏感和韵律感，空间形式较开放。多采用曲线和曲面等表现形式，色彩明亮、艳丽。营造动态空间可以通过以下几种方法。

（1）利用自然景观，如喷泉、瀑布和流水等。

（2）利用各种物质技术手段，如旋转楼梯、自动扶梯和升降平台等。

（3）利用动感较强、光怪陆离的灯光和丰富的色彩。

（4）利用生动的背景音乐。

（5）利用曲线和曲面的造型或交错的空间结构。

图 3-4 采用的是通透的室内设计，利用白天的光线改变室内的效果，光影在时间上交错变化，使空间充满动态感；图 3-5 中的旋转楼梯是利用视觉的物质呈现，给人动态的感觉。

图 3-4 动态空间（1）

图 3-5 动态空间（2）

五、静态空间

静态空间是一种空间形式非常稳定、静止的空间类型。相对于动态空间，静态的空间满足了人们对于动与静的交替追求。静态空间的主要特点是空间较封闭，限定度较高，私密性较强，构成比较单一，多采用对称、均衡和协调等表现形式，空间的陈设比例、尺度十分协调，色彩朴素、淡雅，空间氛围宁静。室内造型简洁，照明的应用十分讲究，常采用间接照明和漫反射照明。

图 3-6 中的室内陈设是传统与现代的融合，左右平衡的设计，家具舒缓、淡雅的线条，展现出温馨奇妙的空间氛围，柔和的灯光与室内的设计完美的配合，这种静态的空间达到了意想不到的效果。

图 3-6　静态空间

六、悬浮空间

室内空间在垂直方向的划分采用悬吊结构时，上层空间的底界面不是靠墙或柱子支撑，而是依靠吊杆悬吊，因而人们在其上有一种新鲜有趣的“悬浮”之感。

图 3-7 中的卧室就属于悬浮在空中的空间，悬吊的楼梯衍生平台，底面没有支撑的结构，给人一种“飘浮”之感；图 3-8 的空间中，地面用深色瓷砖做底，中间是木质的放心空间，地面颜色的对比，使这一空间呈现出独立性，给人悬浮在空中的视觉感受。

图 3-7 悬浮空间（1）

图 3-8 悬浮空间（2）

七、流动空间

流动空间的主旨是不把空间作为一种消极静止的存在，而是把它看作一种生动的力量。空间在水平和垂直方向都采用象征性的分隔，而保持最大限度的交融和连续，视线通透，交通无阻隔性或极小阻隔性。在某些需要隔音或保持一定小气候的空间，经常采用透明度大的隔断，以保持与周围环境的流通。

图 3-9 中的厨房与走廊是没有明确分隔的，但是通过顶棚、地板的变化，就可以确定它们之间的界限，两种领域在一个空间中相互交融却又各自独立。

图 3-9　流动空间

八、虚拟空间

虚拟空间的范围没有十分完备的隔离形态，也缺乏较强的限定度，是只靠部分形体的启示，依靠联想和“视觉完形性”来划定的空间，所以又称“心理空间”。这是一种可以简化装修而获得理想空间感的空间，它往往是处于母空间中，与母空间流通而又具有一定独立性和领域感。

虚拟空间的布置一般情况下可以借助各种隔断、改变结构构件等因素形成，这些因素往往也会形成重点装饰。图 3-10 就是在餐厅中用珠帘分隔出就餐区域，满足了顾客对私密性的需求，并且极富美感。

图 3-10　虚拟空间

九、共享空间

共享空间由建筑师波特曼首创，在世界上享有极高的盛誉。它往往处于大型公共建筑（主要是饭店）内的公共活动中心和交通枢纽，含有多种多样的空间要素和设施，使人们在精神上和物质上都有较大的挑选性，是综合性、多用途的灵活空间。共享空间尤其是倾向把室外空间特征引入室内，使大厅呈现花木繁茂、流水潺潺的自然景象，是主动与自然和谐的空间。

图 3-11 的酒店中庭设计，有采光极好的天棚，室内有植物、亭子等景观建筑，接近自然，透露出勃勃生机，将环境与空间融为一体，人们可以在其中观赏景、人，也体现了共享空间的特性。

图 3-11 共享空间

十、不定空间

由于人的意识与行为有时存在模棱两可的现象，“是”与“不是”的界限不完全是以“两极”的形式出现，于是反映在空间中，就出现一种超越绝对界线的（功能的或形式的）、具有多种功能含意的、充满了复杂与矛盾的中性空间，或称“不定空间”。

图 3-12 就是一个不定空间，房屋的顶棚倾斜，室内还有不在统一平面上的空间，墙体的倾斜延伸对于视觉造成一定的影响，

采光是通过头顶的透明玻璃而进入室内的自然光线,令人介于开放与狭窄之间。

图 3-12　不定空间

十一、交错空间

现代的室内空间设计,已不满足于封闭规整的六面体和简单的层次划分,在水平方向往往采用垂直围护面的交错配置,形成空间在水平方向的穿插交错,左右逢源；在垂直方向则打破了上下对位,而创造上下交错覆盖,俯仰相望的生动场景。

在交错空间中,往往也形成不同空间之间的交融渗透,因而在一定程度上也带有流动空间与不定空间的特点。

图 3-13 所展示的则是由建筑大师波特曼为美国亚特兰大 Marriott Marquis 酒店所做的空间设计,突破平面的视觉体验,形成立体交错的造型。

图 3-13　交错空间

十二、凹入空间

凹入空间是指将室内空间局部凹入，形成空间进深层次的一种空间类型。其主要特点是私密性和领域感较强，有一定的围护效果，可以极大地丰富立面装饰效果和立体感。其中，凹入式壁龛是室内界面设计中用于处理墙面效果常见的设计手法，它使墙面的层次更加丰富，视觉中心更加明确。

图 3-14 的小厨房，是巧妙地利用墙面或建筑构造形成的凹入部分，十分节省空间面积的一种设计形式，它与整个空间建筑融为一体，非常巧妙。

图 3-14　凹入空间

十三、外凸空间

外凸空间是指将室内空间的局部凸出，形成空间前后进深层次的一种空间类型。其主要特点是外凸部分视野较开阔，领域感强。现代空间设计中常见的挑台就是外凸空间的一种，它使室内空间更加有层次，形成局部空间与整体空间交错呼应的感觉。图 3-15 是复式房屋客厅的挑台设计，丰富了空间的造型，使得空间层次加深。

图 3-15　外凸空间

十四、下沉空间

室内地面局部下沉,可限定出一个范围比较明确的空间,称为下沉空间。这种空间的底面标高较周围低,有较强的围护感,性格是内向的。处于下沉空间中,视点降低,环顾四周,新鲜有趣。下沉的深度和阶数要根据环境条件和使用要求而定。

图 3-16 是一个典型的下沉空间,明显的局部下沉地面有一处台阶与不下沉的地面相连,增强了空间的联系,下沉地面中间的书桌和椅子使空间不会空旷,也使得整体空间视野广阔。

图 3-16　下沉空间

十五、地台空间

室内地面局部抬高,抬高面的边缘划分出的空间称为地台空间。由于地面抬高，为众目所向，其性格是外向的，具有收纳性和展示性。处于地台上的人们，有一种居高临下的优越的方位感，视野开阔，趣味盎然。

图 3-17 中的地台空间设计独特新颖，有效节省了空间。储物功能强大，又具有装饰效果。高高的地台，宽敞的榻榻米，升降台可以品茶、看书，降下可以当床使用。这样的设计是空间有了很强的方位感，也有一种突出中心的感觉。

图 3-17　地台空间

十六、母子空间

母子空间又可以称为大空间中的小空间，这是在原有空间中，运用实体或是象征的手法再限定出一个小空间。这种设计方式十分像我国传统建筑中的“楼中楼”和“屋中屋”。在现代社会的室内空间设计中，许多餐厅的隔间、卧室中的封闭式的卧床，都可以称得上是母子空间。母子空间对于室内设计来说既满足了功能的需求，又丰富了空间的层次。

图 3-18 是现代化的设计风格，在整个空间中分隔出一个小空间，这个小空间可以灵活地关闭外门，人在室内可以形成独立封闭的小空间。

图 3-18　母子空间

十七、迷幻空间

迷幻空间的特色是追求神秘、幽深、新奇、动荡、光怪陆离、变幻莫测的、超现实的、戏剧般的空间效果。

在空间造型上，有时甚至不惜牺牲实用性，而利用扭曲、断裂、倒置、错位等手法，家具和陈设奇形怪状，以形式为主，照明讲究五光十色，跳跃变幻，追求怪诞的光影效果，在色彩上则突出浓艳娇媚，线型讲究动势，图案注重抽象，装饰陈设品不是追求粗野犷放，就是表现现代工艺所造成的奇光异彩和特殊机理。

图 3-19 是一家酒吧的空间设计，极富迷幻色彩，将多元文化的聚合，呈现出科技与艺术的完美结合，酒吧大厅空间采用丰富的现代娱乐科技，抽象性的灯光视觉感受，开放式的视觉营造，让顾客体会躁动混合理性的异次元情愫，释放独特的迷幻气息。

图 3-19　迷幻空间

第二节　室内空间的组织与设计

一、室内空间的组织

（一）空间的限定方式

室内的空间组织，主要是空间的分隔和组合，两者也是相辅相成的，要从空间的整体要求来看，根据空间的特点和功能也要考虑到艺术性和人的要求。

1. 围合与分隔

“围”与“透”是一种空间关系，只“围”不“透”会使空间感到蔽塞、沉闷，反过来，尽情地开放空间，就失去了室内的意义。

“围”有内外之分，至少要有多于一个方向的面才能成立；而分隔是将空间再划分成几部分。有时围合与分隔的要素是相同的，围合要素本身可能就是分隔要素，或分隔要素组合在一起形成围合的感觉。在这个时候，围合与分隔的界限就不那么明确了。例如中国传统建筑中的“花罩”“屏风”等就是典型的分隔形式（图3-20），它可以将一个空间分为书房、客厅以及卧室等几部分，划分了区域，也装饰了室内空间。

图 3-20　新中式风格的屏风

2. 覆盖

在自然空间中进行限定，只要有了覆盖就有了室内的感觉。四周围得再严密，如果没有顶的话，也不能算是室内空间；而一个茅草亭子，哪怕它再简陋破旧，也会给人“室内”的感觉，其主要原因就在于有了覆盖的要素。

在自然空间里，有了覆盖就可以挡住阳光和雨雪，就使内外部空间有了质的区别。如果在室内空间里用上覆盖的元素进行装饰设计，就可以给人更多的心理感受。例如在床的上部设幔帐或将某一部分的顶局部吊下来，使这顶与人距离近些，尺度更加宜人，心理感觉也亲切、惬意，并且将床幔展开，也可以形成一个相对封闭的空间，给人心理上的安全感（图 3–21）。

图 3–21　床上部幔帐

图 3–22 是泰国芭提雅希尔顿酒店的大厅设计，织物呈流线状，灯光和织物的色调柔和，给人亲切温暖的感觉，又不缺乏高贵的气质。

图 3–22　顶部织物覆盖

3. 设置

在室内空间中，设置可以说是最多的再限定方式，在空间中任何实体物质的摆放、安装都需要设置。这里所指的设置一般是指它与空间有“设置”的关系，也就是相对独立存在的，这样的设置往往会成为视觉中心，它对空间的区域有着一定的影响力，起着烘托空间气氛和强化空间特色的作用。

图 3-23 是一家网吧的设置，空间中心带有光的柱体结构形成了室内的设计中心，并且也是视觉的中心，网吧的桌椅围绕柱体放置，形成独有的辐射网络形状，也增加了网吧上网的氛围。

图 3-23　网吧的室内设置

4. 抬起与下凹

这种限定是用变化地面高差来达到限定的目的，使限定过的空间在母空间中得到强调或与其他部分空间加以区分。对于在地面上运用下凹的手法限定来说，效果与低的围合相似，但更具安全感，受周围的干扰也较小。

“抬起”与“下凹”相反，可使这一区域更加引人注目，像教堂中的讲坛和歌厅中的小舞台就是为了使位置更加突出，以引起人们的视觉注意（图 3-24）。

图 3-24　室内的走秀舞台

在室内空间中，这些手法可以在墙面或顶面上出现，只不过可能叫法不同而称为“凹入”“凸出”或“下吊”等。如壁龛、壁炉可视为“凹入”（图 3-25）。

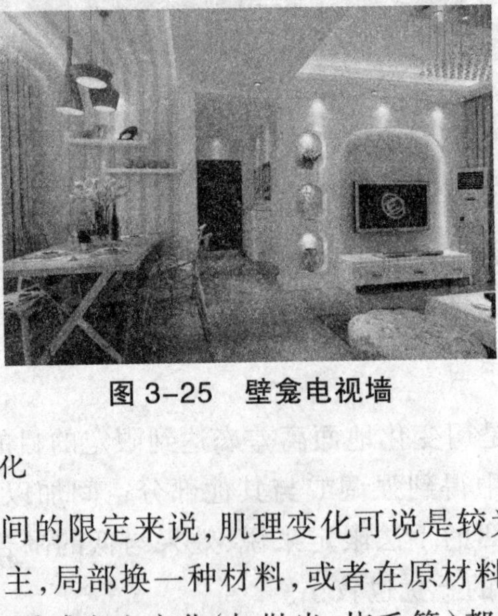

图 3-25　壁龛电视墙

5. 肌理变化

对室内空间的限定来说，肌理变化可说是较为简便的方法。以某种材料为主，局部换一种材料，或者在原材料表面进行特殊处理，使其表面质感发生变化（如抛光、烧毛等）都属于肌理变化。有时不同材料肌理的效果可以加强导向性和功能的明确性，不同材料肌理的运用也可以影响空间的效果，而且用肌理变化还可组成图案作为装饰等。

图 3-26 中室内大面积的墙面肌理采用造价低廉并富有原始触感的水泥为主要材料，又以大量的木质材料充实空间，使其呈

现出敦厚温暖的性情，桌子按照区域进行不同的配置，其中又放置了植物，使整个空间从内而外散发着魅力。

图 3-26 室内空间肌理变化

（二）空间的分隔

1. 绝对分隔

用承重墙、到顶的轻体隔墙等限定度高的实体界面分隔空间，可称为绝对分隔。这样分隔出的空间有非常明确的界限，是完全封闭的。隔声良好，视线完全受阻是这种分隔方式的重要特征，因而与周围环境的流动性很差，但却具有安静、私密和较强的抗干扰能力。

图 3-27 是一间 KTV 的室内空间，有十分明确的风格界线，与外界绝对的隔绝开，并且因其室内功能的特殊性，隔音、抗感扰性能十分好，具有很轻的私密性。

图 3-27 绝对分隔

2. 局部分隔

用屏风、不到顶的隔墙和较高的家具等划分空间，称为局部分隔。限定度的强弱因界面的大小、材质、形态而异。局部分隔的特点介于绝对分隔与象征性分隔之间，不大容易明确界定（图3–28）。

图 3–28　局部分隔

3. 象征性分隔

用片断、低矮的面、罩、栏杆、花格、构架、玻璃等通透性的隔断；家具、绿化、水体、色彩、材质、光线、高差、悬挂物、音响、气味等因素分隔空间属于象征性分隔。

这种分隔方式的限定度很低，空间界面模糊，但能通过人们的联想而感知，侧重心理效应，具有象征意味。在空间划分上是隔而不断，流动性也很强，整体空间的层次也较丰富。图 3–29 是通过地面铺设的地毯色彩变化来划分空间领域的，既与周围保持了联系，又有独立可分辨的空间。

4. 弹性分隔

利用拼装式、折叠式、升降式等活动隔断和幕帘、家具、陈设等分隔空间。可根据使用要求而随时启闭或移动，空间也就随之或分或合、或大或小，这样分隔可使空间具有较大的弹性和灵活性。

图 3-29　象征性分隔

我们经常看见的分隔方法有以下这些：用结构构件；用各种隔断（图 3-30）；用水平面上高差的分别（图 3-31）；用可移动的家具（图 3-32）；用水体、绿化；用照明；用各种材质、颜色等。当然还有很多种方法，可以根据具体的空间要求来进行分割，运用综合的手法满足人们的要求。

图 3-30　活动隔断

图 3-31　水平分隔

图 3-32　家具分隔

(三)空间的组合

1. 空间关系

(1)空间内的空间

一个大空间可以在其中包含一个或若干小空间,也就是前述提到的母子空间。大空间与小空间之间很容易产生视觉及空间的连续性,并保证空间整体性。在这种空间关系中,大空间是作为小空间的三度场所而存在的。为了感知这种概念,两者之间的尺度必须有明显的差别,如果小空间尺度增大,那么大空间就开始失掉其作为母空间的能力(图 3-33)。

要使小空间具有较大的吸引力,小空间可采用与大空间形式相同,而朝向各异的方式。小空间也可以采用与大空间不同的形状,以增强其独立的形象,这种形体上的对比,会产生一种两者之间功能不同的暗示,或者象征着小空间具有特别的意义(图 3-34)。

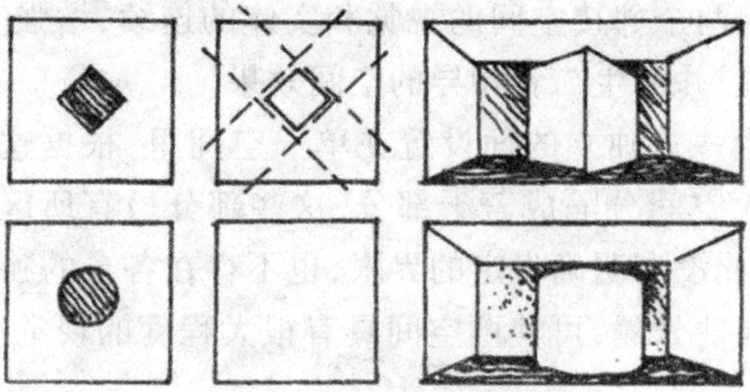

图 3-33　空间内的空间

图 3-34　空间内的空间实例

（2）穿插式空间

穿插式空间由两个空间构成，各空间的范围相互重叠而形成一个公共空间地带（图 3-35）。当两个空间以这种方式贯穿时，仍保持各自作为空间所具有的界限及完整性，但是对于两个穿插空间的最后造型，可以产生以下情况。

①两个空间的穿插部分，可为各个空间同等共有。

②穿插部分与一空间合并，成为它的整体空间的一部分。

③穿插部分自成一体，成为原来两个空间的连接空间。

（3）邻接式空间

邻接是空间关系中最常见的形式，它允许各个空间根据各自的功能或者象征意义的需要，清楚地加以划定。相邻空间之间的视觉及空间的连续程度，取决于它们既分隔又联系在一起的那些面的特点（图 3-36）。因为这些分隔面可以产生以下情况。

①限制两个邻接空间的视觉和实体的连续，增强空间的各自相对独立性，并产生二者相异的空间效果。

②作为一个独立的面设置在单一空间里，根据这种情况，可以把一个大空间分隔成若干部分，这些部分虽有所区分，但又互相贯通，彼此没有明确肯定的界限，也不存在各自的独立性。

③以列柱分隔，可使两空间具有很大程度的视觉和空间的连续性。

④仅仅通过两个空间之间的高差或界面处理的变化来暗示。

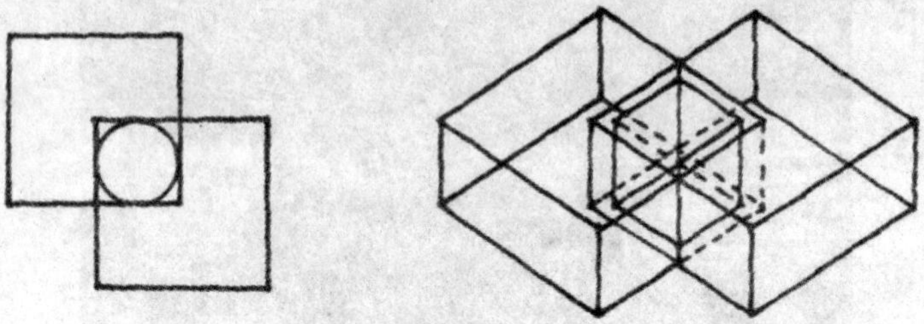

图 3-35　穿插式空间

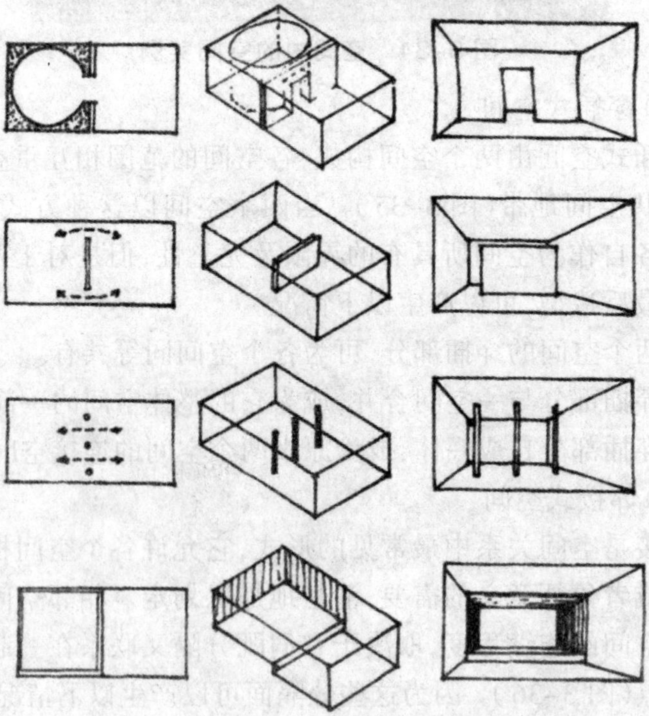

图 3-36　邻接式空间

(4)由公共空间连起的空间

相隔一定距离的两个空间,可由第三个过渡性空间来连接或联系。就可能像音乐中的休止符或文章中的顿号、逗号一样,以加强空间的节奏感。在这种空间关系中,过渡空间的特征有着决定性的意义(图 3-37、图 3-38)。

①过渡空间的形状、大小和朝向,可与它所联系的两个空间不同,以表示它的联系作用。

②过渡空间以及它所联系的两个空间的形状和大小可以完全一样,从而形成一种线性空间序列。

③过渡空间本身可采用直线式,以联系两个相隔一定距离的空间,或者联系一系列彼此没有关系的空间。

④如果过渡空间有足够大,它可以成为这种空间关系中的主导空间,具有将一些空间组合在其周围的能力。常见的酒店大堂、火车站等,有相当一部分空间起着过渡空间的作用。如进行了改扩建的北京天文馆老馆,以广厅连接展厅、影厅、陈列厅等,使大量人流通过它直接分散到各主要使用空间。

⑤过渡空间的形状也可以完全根据它所连接或联系的空间的形状和朝向来确定,这样可以起到形式上相互兼容的作用。

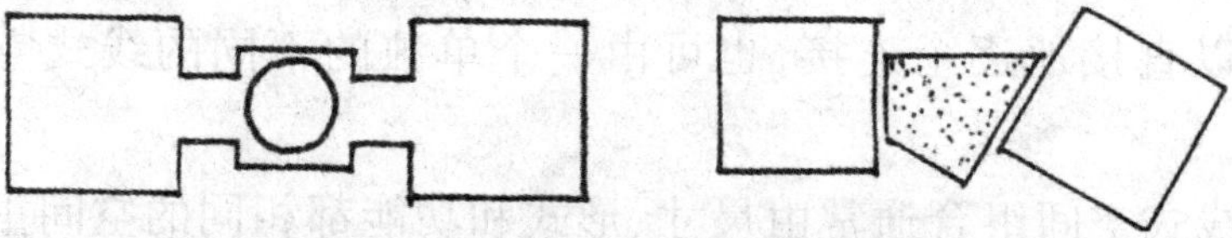

图 3-37 由公共空间连起的空间

图 3-38 展厅的流动通道

2. 空间组合

(1)集中式组合

集中式组合的主要特点是在一个中心主导空间周围组合一系列次要空间。集中式组合,是一种稳定的向心式构图,它由一系列次要空间围绕一个大的占主导地位的中心空间构成。

集中式组合的中心空间一般在形式上是规则的,在尺度上要大到足以将次要空间集结在其周围的能力。集中式组合的次要空间,功能和尺寸可以完全相同,形成规则的、两轴或多轴对称的总体造型(图 3-39)。

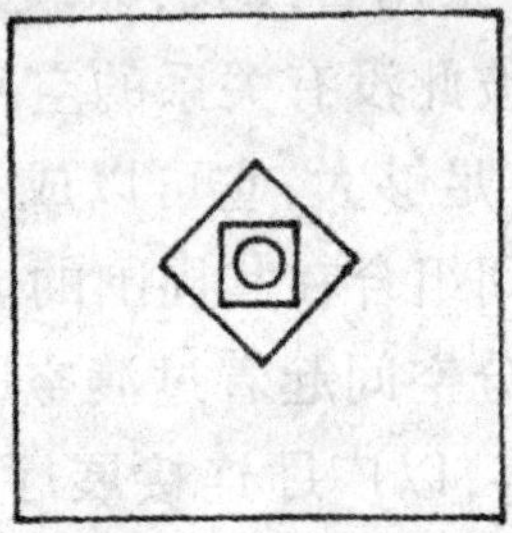

图 3-39　集中式

(2)线式组合

线式空间组合实际上就是重复空间的线式序列。这些空间既可以直接地逐个连接,也可由一个单独的不同的线式空间来联系。

线式空间组合通常由尺寸、形式和功能都相同的空间重复出现而构成。也可将一连串形式、尺寸或功能不相同的空间,由一个线式空间沿轴线组合起来。

在线式组合中,在功能方面或象征方面具有重要性的空间,可以出现在序列的任何一处,以尺寸和形式来表明它们的重要性。也可以通过所处的位置加以强调,如置以线式序列的端点、偏移式线式组合或处于折形(或扇形)线式组合的转折处(图 3-40)。

线式组合的特征是“长”,因此它表达了一种方向性,具有运动、延伸、增长的意味(图 3-41)。

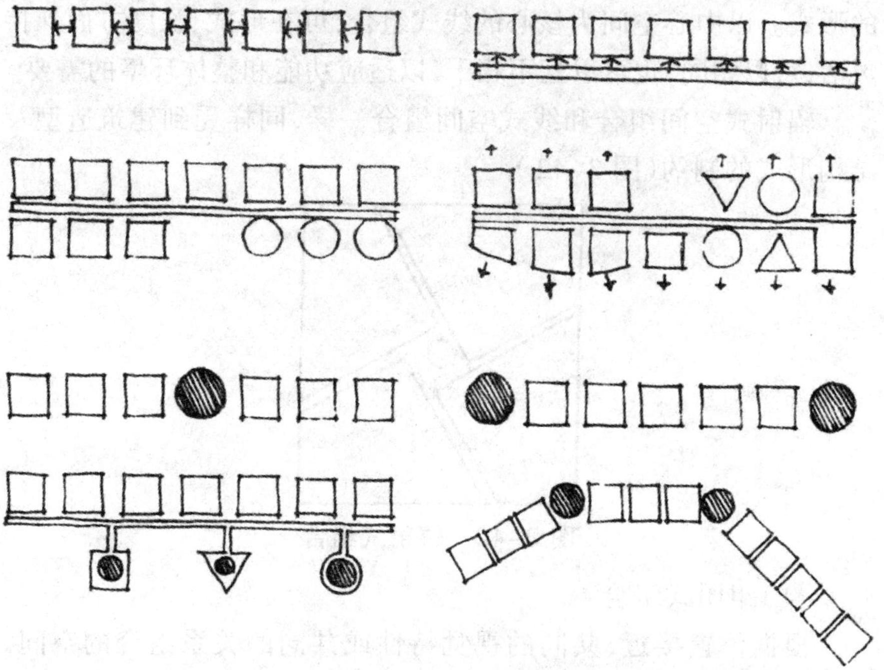

图 3-40　线式组合

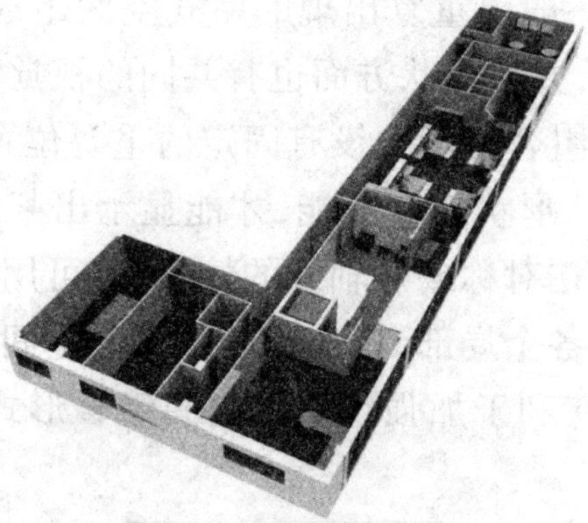

图 3-41　线式组合模型图

(3)辐射式组合

将线式空间以一中心空间辐射状扩展,即构成辐射式组合。在辐射式空间组合中,集中式和线式组合的要素兼而有之。集中式组合是内向的,趋向于向中心空间聚集;而辐射式组合则是外向的,它通过线式组合向周围扩展。

正像集中式组合一样，辐射式组合的中心空间一般也是规则的形式。以中心空间为核心的线式组合，可在形式、长度方面保持灵活，可以相同，也可以互不相干，以适应功能和整体环境的需要。

辐射式空间组合和线式空间组合一样，同样受到建筑造型及结构形式的制约（图 3-42）。

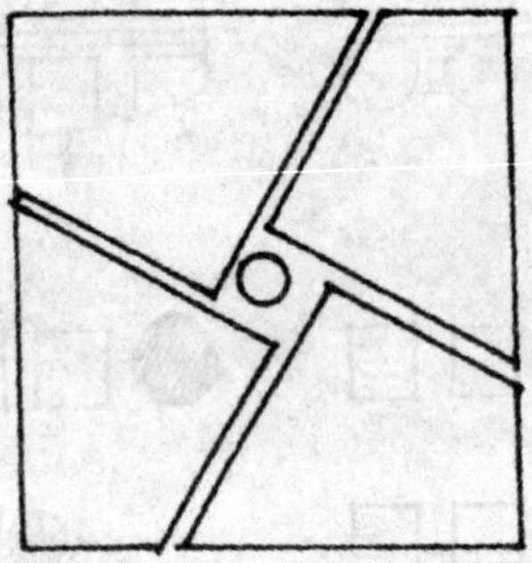

图 3-42　辐射式组合

（4）组团式组合

根据位置接近，共同的视觉特性或共同的关系组合的空间，可称之为组团式空间。组团式组合通过紧密连接来使各个空间之间互相联系，一般由重复出现的格式空间组成，这些格式空间具有类似的功能，并在形状方面也有共同的视觉特征。

由于组团式组合造型中没有固定的重要位置，因此必须通过造型之中的尺寸、形状或者功能，才能显示出某个空间所具有的特殊意义。有时在对称或有轴线的情况下，可用于加强和统一组团式空间组合的各个局部，有助于表达某一空间或各个空间的重要意义，当然也有利于加强组团式空间组合形式的整体效果（图 3-43）。

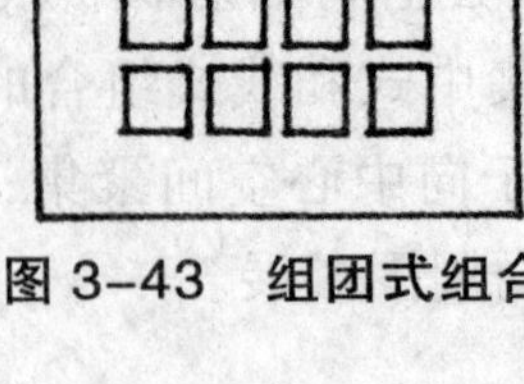

图 3-43　组团式组合

（5）网格式组合

网格式组合一般通过这样的形式和空间组成：它们的空间位置和相互关系，通过一个三度的网格形式或范围而使其规则化。

两组平行线相交，它们的交点建立了一个规则的点，这样即产生了一个网格。网格投影成三维，转化为一系列的重复的空间模数单元（图3-44）。

网格也可以进行其他形式的改变，某些部分可以偏斜，以改变在该区域中的视觉和空间连续性。网格也可以中断，划分出一个主体空间或者作为室内自然景观。有时为增加空间的趣味性，网格的部分还可以位移，或以基本图形中的某一点旋转，使空间的视觉形象发生变化。由于现代建筑结构形式的使用，可以说，网格式空间组合在室内空间设计中运用得最为普遍（图3-45）。

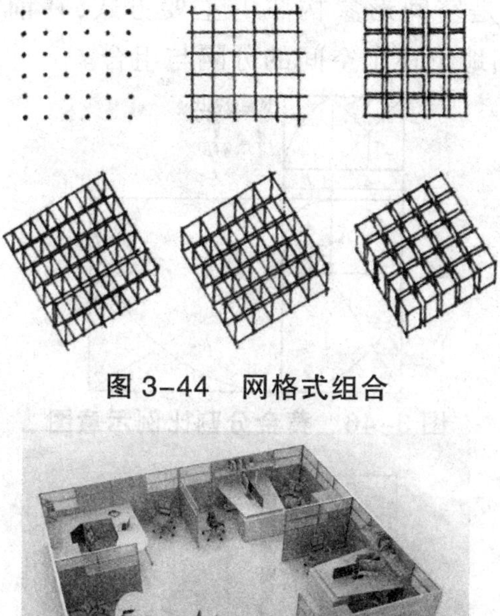

图3-44　网格式组合

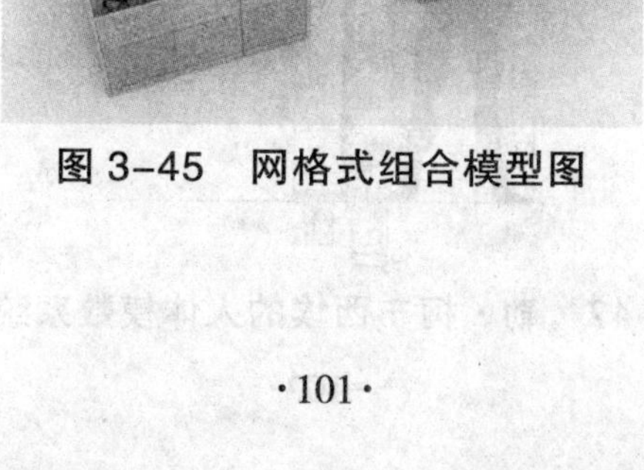

图3-45　网格式组合模型图

二、室内空间的设计

(一)空间形象与尺度

建筑空间形象与尺度设计是室内设计内容的主要组成部分。室内空间形象是空间形态界面围合通过人的感觉器官作用于大脑的总体形象,需要对人的数据进行计算。尺度是指室内界面本身构造或装修的空间尺度比例。平面布局中实体功能的合理布局,墙面顶棚装修材料的组合,装饰陈设用品的悬挂与摆放,都与尺度的比例有密切关系。因此,把空间形象与尺度置于同一层面来考虑是合乎逻辑关系的(图 3-46、图 3-47)。

界面围合是空间形象构成的主要方式,在前文的空间组织中,我们也详细地论述了空间的分隔与组合。

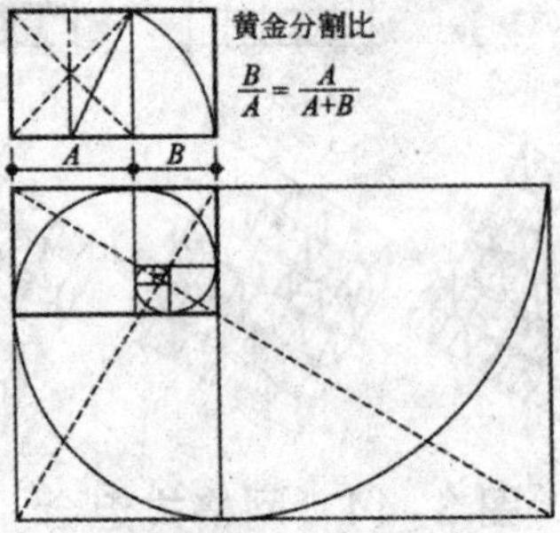

图 3-46　黄金分割比例示意图

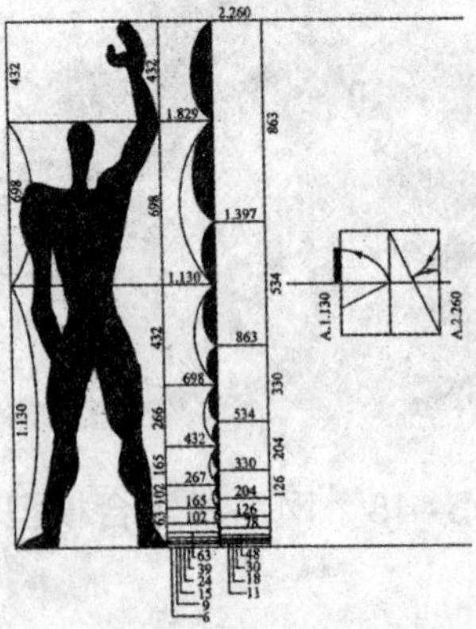

图 3-47　勒·柯布西埃的人体模数系统分析

（二）空间界面与装饰

建筑空间的实体界面是通过设计与装饰活动来实现其外在审美价值的，通过各种质地细腻、色彩柔和的材料进行封装，使空间的实体界面适合于人在近距离观看和触摸。所以，装饰的目的更多的是为了满足人的视觉审美感受。

装饰需要合理的选材并依照一定的比例尺度。因此，空间构图具有十分重要的意义。以下是空间构图的艺术处理法则。

（1）统一与对比。统一是形式美最基本的要求。古典建筑及室内的有机统一性主要表现为整齐一律、严谨对称，各部分有秩序地隶属于整体，添一分则多，减一分则少。特别是对称形式的构图，均衡稳定，左右相互制约，关系极其明确。

（2）主从与重点。在室内设计实践中，从平面组合到立面处理，从细部装饰到群体组合，都应处理好主从与重点关系，以达到统一的效果。

（3）均衡与稳定。

①静态均衡有两种基本形式：一种是对称形式，它天然就是均衡的；另一种是不对称形式，它同样体现出各组成部分之间在重量感上相互制约的关系，它比对称形式的均衡轻巧活泼得多。

②动态均衡。近现代建筑及室内设计非常强调时间和运动这两方面因素。也就是说人不是固定于某一点上观赏建筑室内，而是在连续运动的过程中不断欣赏。这就是格罗佩斯所强调的“生动有韵律的均衡形式”。

（4）对比与微差。对比指的是要素之间显著的差异。微差指的是不显著的差异。对比与微差所研究的是如何利用这些差异性来求得形式的完美统一。

对比与微差只限于同一性质的差异之间，如大与小、直与曲、虚与实以及不同形状、不同色调、不同质地等。在室内设计领域中所涉及的形式，必然反映功能的特点，而功能本身就包含很多差异性，反映在形式上也必然呈现出各种各样的差异。

（5）节奏与韵律。韵律美按其形式特点可以分为几种不同的类型：连续的韵律，渐变的韵律，交错的韵律，起伏的韵律。在室内设计中，节奏与韵律的把握对塑造空间起不可忽视的作用。

（6）比例与尺度。在室内设计领域中，从全局到每一个细节，无不存在这样一些问题，这些都是比例问题。如果没有良好的比例关系和尺度概念，就不可能达到真正的统一和谐。

（三）空间构造与环境

建筑是构成室内空间的本体，建筑构造对于室内形态具有决定性作用，如果不是以钢铁和水泥为要素组成钢筋混凝土，从而产生大尺度的框架构造，使内部空间的自由划分成为可能，则现代意义上的室内设计都不可能产生。

与建筑空间构造相配的是室内环境系统。所谓环境系统实际上是建筑构造中满足人的各种生理需求的人工设备与构件。环境系统是现代建筑不可或缺的有机组成部分，涉及水、电、风、光、声等多种技术领域。这种人工的环境系统与建筑构造组成了室内设计的物质基础，是满足室内各种功能的前提。

第三节　室内空间的技术设计

技术设计，是产品的定型阶段，要对产品进行全面的技术规划，对于室内空间而言，就是对其设计过程中的各种要素进行规划，从而确定最优的方案。

一、空间各种形态要素的创造配置

（一）空间实体形态创造

1. 实体形态创造的要素

实体形态占据三维空间，并具有体的性质。将实体的形分解基本构成要素，即点、线、面和体。在造型设计中具有普遍性的意义，在室内空间设计的实体中，主要表现为客观存在的限定要素。

（1）点

在室内空间中，处处可见的较小的形都可以称作点，它可起到在空间中标明位置或使人的视线形成集中注视的作用，因而它是静态的、无方向的。只要相对于它所处的空间来说足够小，而且是以位置为主要特征的，都可看作点（图 3-48）。比如大教堂中的圣坛与空间相比尺度很小，但它却是视觉与心理的中心。

形状与背景有明显反差的，或者色彩突出的点，特别是动的点更能引人注目。贝聿铭设计的华盛顿东馆大厅里著名的动雕（图 3-49）之所以引人注目，不仅因其形状奇特，色彩亮丽，而且还随着气流缓缓移动，使得它必然成为空间中的视觉中心。

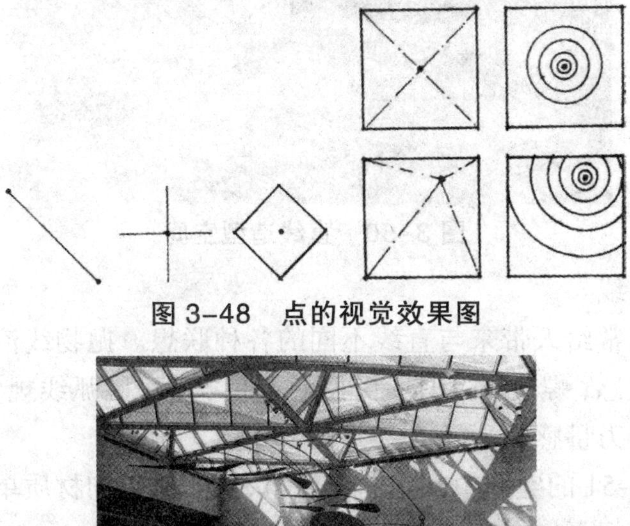

图 3-48　点的视觉效果图

图 3-49　华盛顿东馆大厅的动雕

（2）线

一个点可以延伸成一条线，在视觉上表现出方向、运动和生长，之所以被当成一条线，就是因为线的长度远远超过它的宽度，线的种类很多，有直有曲，直线中分垂直、水平和各种角度的斜线。线与线相接又会产生更复杂的线型，如折线是直线的接合，波形线是弧线的接合等。

①直线

在室内空间中，作为线出现的视觉现象是很多的。有些线是刻意被强调出来的，如作为装饰的线脚，结构的线条等当然也有些是有意隐蔽起来的，如被吊顶遮挡的梁柱、设备的管线等（图 3-50）。

图 3-50　直线造型空间

②曲线

曲线常给人带来与直线不同的各种联想。抛物线流畅悦目，富有速度感；螺旋线又具有升腾感和生长感；圆弧线规整、稳定，有向心的力量感。

图 3-51 的空间中都是曲线元素，虽然颜色和材质单一，但却使整个空间更加有亲切感，富有自然的气息。

当然，曲线的运用要适可而止，恰到好处，繁简得当，否则会使人感到杂乱无序，有矫揉造作之倾向。洛可可华丽的风格算得上是曲线要素运用的典型（图 3-52）。

图 3-51　曲线造型空间

图 3-52　洛可可风格室内空间设计

（3）面

面是线运动的轨迹。面也可以由扩大点或增加线的宽度来形成，还可被看成是体或空间的界面，起到限定体积或空间界限的作用，在室内设计中是很重要的一项内容。

点或线的密集排列可以产生面的视觉效果，因此面所展现出的表情色彩由其中所包含的线及其轮廓形状决定。

室内的面，限定形式和空间的三维特征，每个面的属性（尺寸、形状、色彩、质感），以及它们之间的空间关系，将最终决定这些面限定的形式所具有的视觉特征以及它们所围合的空间的质量。

①直面

在室内空间中，直面最为常见，绝大部分的地面、墙面、家具等造型都是以直面为主的。经过很好的组合安排后也会产生活泼生动的视觉效果，折面也可看成是一种组织过的直面，像楼梯踏步便是一例。图 3-53 中运用了大量的直面设计，墙壁、家具等装饰都是水平的直面，但是在合理安排后，却不觉呆板、生硬。

斜面可为规整的空间带来变化。在视线以上的斜面使空间显得比同样高度的方形空间低矮而使人亲近，同时也带来空间的透视感，引人视线向上。

垂面也是面要素的主要方面，它的一个重要用途是作为承重墙结构体系中的支持要素。当把垂直墙面安排成平行的系列去支持顶面时，承重墙就限定出线形的开口空间来，并带有强烈的方向性。墙面可以是封闭的，也可以是透明的，使之成为与外界空间联系的媒介。

图 3-54 中全部运用了直面的要素，墙壁的直面、楼梯的斜面、台阶的折面，使整个空间呆板中又带有生气。地板面色彩和墙面相近，使空间变得更加洁净。

图 3-53　室内直面设计（1）

图 3-54　室内直面设计（2）

②曲面

曲面可以是水平方向的（如贯通整个空间的拱形顶），也可以是垂直方向的（如悬挂着的帷幕、窗帘等），通常曲面的表情更多的是流畅舒展，富有弹性和活力，为空间带来流动性和明显的方向性，引导人的视线与行为。

图3-55是张家口滑雪公寓的室内形态设计，顶部白色曲面在整个空间内部蜿蜒延伸，墙壁凹入的曲线沙发设计，壁龛式的电视墙，使得空间更加柔和顺畅。

图3-55　室内曲面设计

（4）体

面的平移或线的旋转的轨迹，就形成了三维的有实感的体。

体可以是实体，也可以是虚空，即由面所包容或围合的空间，实的实体和空的虚体，这种双重物代表着室内空间设计所形成的现实中，对立的统一，体形能给空间以尺寸、大小、尺度关系、颜色和质地，而同时空间也映衬着各种体形，这种体形与空间之间的共生关系可以通过空间设计中比例、尺度的层次去感知。

体有很多组合与排列方式，基本上与前面提到的点的排列与组合类型相似，如成组、对称、堆积等，与单纯的体与体之间组合相比，在室内更多的是体同时与线、面组合在一起的造型，但一般仍把这一综合要素看作是一个“体”。

图3-56是一家干细胞科技办公空间的室内设计，蓝白为主色调表现对生命之美的无限向往，通过DNA双螺旋结构的楼梯

扶手，提取“碱基配对”元素为主题背景墙，体现了企业文化内涵。

图 3-56　室内体设计

（5）形状

形状是一种形式的表面的外轮廓或一个体的轮廓的特定造型，也是我们用以区别一种形态不同于另一种形态的根本手段。

形状可分为自然形、非具象形和几何形三大类。自然形（图 3-57）是自然界中的各种形象和体形，这些形状可以被加以抽象化但仍保留着它们天然来源的根本特点；非具象形（图 3-58）是不去模仿特定的物体，也没有去参照某个特定的主题，有些可以按照某一程式化演变出来的，诸如书法或符号，携带着某种象征性的含意，还有其他的非具象形是基于它们的纯视觉的几何形和诱发而生成。几何形（图 3-59）几乎主宰了室内空间设计的环境形成。

我们很容易就能从图 3-60 中分别看出小提琴形状的楼梯，音符的形状装饰，作为儿童学习的场所，这样的室内装饰营造出了欢乐轻松的学习氛围。

图 3-57　自然形

图 3-58　非具象形

图 3-59　几何形

图 3-60　空间形状设计

2. 虚体形态的相关要素

室内空间的形态要素不光有实体的“点”“线”“面”“体”，还包含了“虚的点”“虚的线”“虚的面”，而“虚的体”便是一种特殊形式的空间了。

（1）虚的点

虚的点可以是几何形空间的几何中心或轴线的相交点，它还可以是由线的方向延伸或灯光投射处所强调的部分。这时，虚的点往往是与实的点重合的，起到加强视觉效果的作用，使之更加引人瞩目，因此这部分往往也成为视觉上的重点。

（2）虚的线

室内空间中虚的线是很多的，它可以说是一个想象中的因素，而不是实际可见的要素。比如轴线，是由空间中的两个点所建立的规则线条，或是各部分之间的先线。另外，光线、影线、明暗交界线等也可以是另外一种类型的虚的线。图 3-61 中吊顶的灯光装饰就是虚的点、线结合，倒映在地面上的点、线也是一种虚的形态。

图 3-61　虚的点、线结合设计

（3）虚的面

虚的面一般可分为两种：一是由密集的点或线所形成的面的感觉。像一些办公空间常用的百叶窗帘，尽管光与视线可以部分穿透，空间可以流动，但分隔感已经相当强烈，并且对人的行为已有了较大的限定作用。我国北方家庭常喜欢用珠子串起当作门帘（图 3-62），就可以看成是由密集的点排列而形成的虚的面。

另一种虚的面在视觉上不那么明显，是指间断的线或面之间形成的面的感觉，这种感觉也可由延伸面来得到。特别是古代一些大型建筑，像教堂、宫殿等，因为空间巨大而又受到结构材料等物质条件的限制，所以常常柱身粗壮而间距较小。我国的一些寺庙大殿，常有从顶部垂下的一条条织物做成的“幡”。这些“幡”排列在竖向空间中，也构成了虚面（图 3-63）。

图 3-62　珠串门帘形成的虚面

图 3-63　寺庙中的幡形成的虚面

（4）虚的体

虚的体可以说是一种类型的空间，这是循着虚的点、虚的线、虚的面这一思路分析的结果。这种空间有点像体，具有一定的边界和限定，只是这个“体”内部是虚空罢了。室内空间实际上就属于这一范畴，实的实体和空的虚体，这种双重物，代表着室内空间中对立物的统一。空间设计也就是把二者通过尺寸大小、尺度关系、光色和台地等有机地组织成一个完整的统一体，以达到体形与空间的有机共生。

虚的体其边界可以是实的面，也可以是虚的面。两块平行的墙面之间可形成三个虚面（两侧一顶），折角的墙之间也可以形成两个虚面（一侧、一顶），若是四根柱子围合，同样也可以形成五个虚面（四侧、一顶）等，它们都能围合出虚的体，在其内部的空间是积极的、内向的，与消极空间的感受截然不同。比如在酒吧、咖啡厅之类的场合，就需要比较内向的“火车座”式的座位，显得安定感很强，这主要还是因为它是一个典型的“虚的体”（图 3–64）。

图 3–64　咖啡厅座位形成的虚体

（二）各种要素的组合与影响

在任何一个室内空间中，形态的实体要素总是要综合起来共同作用的，它们之间的组合方式是多种多样的。比如沙发茶几或其他家具的安排，这是体或面的组合，当然既要适用又要好看，它们在大小、比例、相互位置、光色配置、材质搭配等方面还要有一定的最佳组合，才能得到统一和谐的整体效果。

这些实体要素构成了空间界面，为空间限定出形状。实体要素之间的关系、尺度、比例等决定了空间的尺度、比例及基本形态；实体要素的表情还部分决定了空间的性格和气氛，如材质、色彩、形状及样式等实体的形能对空间气氛产生影响。每一实体都具有内在的力感，其合力是平衡的每一实体周围的力场，属于它自己支配的范围，当其他的物体与它的距离逐渐接近时，二者的力场就会发生关系。这种关系也许是相互对峙的，也许是相互协调的，比如桌子上的一组小陈设物件，当你调换其位置或改变其疏密关系时，有可能显得或局促、或空旷，也可能感到恰到好处，十分得体，而实体越大，力场范围也就相对更大，其相互之间的影响也就越大，对人的心理感受也就越强烈。

一般来说，具有较大的体量、位置比较重要、造型新奇独特、色彩夺目等特点的实体对环境影响及对人的视觉吸引力也较大。但并非绝对化，有时体量较小，造型与色彩也并不很特别的实体也可对人有很大的吸引力，这主要取决于它所处环境中的方位和其内在的品质。

（三）形态和空间的相互关系

室内空间这一大的虚体就是人运用实体形态要素限定出来的。空间的相互关系及限定方式更是与实体要素不可分的。因此，实体要素的多少、造型、尺寸、色质、方位等都直接影响着空间的整体效果。为了把握这些要素的组合，就涉及了形式美。

1. 平衡

室内空间及其围合物，家具、陈设、照明等通常是包含着造型、尺寸、色彩及材质的一种综合体，如何去组织这些要素，则是对功能需要和审美考虑所做的回答。这些要素的组织必须达到视觉上的平衡——是这些要素映射出来的视觉观察之间的一种均衡状态（图 3-65）。

能够突出并加强一个部件的视觉分量——吸引人们注意力的特性，包括：不规则的或具强烈对比的造型；鲜明的色彩和强反差的肌理；大尺度和超常的比例；精致的细部。但并不是说，在室内空间中，是个部件都要突出其视觉分量，否则也谈不上视觉的平衡了。

2. 和谐

和谐可理解为协调，或定义为体现在构图中各部分之间或各部分组合当中视觉的一致性。相似与不似的各要素，经过认真布置后使平衡取得统一。

图 3-65　室内空间平衡

和谐的原则，应包括对要素的理性选择和组织，它们应存在一种共性，如造型上、色彩、肌理、尺寸或材质上的（图 3-66）。正是某种共性的重复，才会在室内众多的要素中产生统一感与视觉上的和谐。但当过分使用具有相似特性的要素时，和谐会陷入一种乏味的构图中。

图 3-66　室内空间和谐

3. 韵律

韵律是基于空间与时间中要素的重复——这种重复造成视觉上的整体感。同时也引导人们的视觉、知觉在同一构图之中，或环绕同一空间，或沿一条路线，做出连续而有节奏的运动与变化。最简单的重复形式是沿着一条线形路径等距列置相同的部件，就像道路两旁的路灯杆一样，这种形式可能相当单调，但是在为近景中的要素部件提供背景韵律或者为限定一条富于质感的线，限定边界或点缀边缘时，却显得相当有效。

图 3-67 是波士顿 BanQ 餐厅，条纹木板呈波浪形布置，为下面的就餐者提供了一个虚拟的华盖，创造出一个无接缝的屋顶景观，餐厅中心的柱子和酒柜的处理更加强调了这种梦幻般的效果，它们就像从天花板上垂下来一样，给前来的顾客带来味觉与视觉的双重享受。

经过重复形成线性的视觉韵律最容易让人辨认。然而在室内空间中，形态、色彩与质地中的一些非线性序列，就不会那么轻易看出来，可是却能产生更为微妙、含蓄的韵律效果，这也是我们最不易觉察出的。

图 3-67　室内空间韵律

4. 统一与变化

这是最需要重点强调的。就是在增强整体统一的同时，应注意平衡、和谐及韵律等并不排除对变化与趣味的追求；相反，平衡或和谐的本意是要把构图中一些互不相干的特性与要素兼收并蓄。图 3-68 是在屋内整体材质与风格统一的情况下，墙体的形状与色彩发生了变化，使整个空间更具个性。

另一种是把互不相似的要素组合起来的方法，就是简单地使它们靠近，围合成组。在室内最常用的就是通过地毯，把四周各种不同的要素组织起来，或者通过吊顶的局部变化，使其下部诸要素与之相对应。

图 3-68　室内空间统一与变化

二、空间内的垂直要素和水平要素

形式和空间在室内中的共生关系在不同程度上都存在着。对于室内，每一个空间形式和围护实体，不是决定了其周围的空间形式，就是被周围的空间形式所决定（图 3-69）。

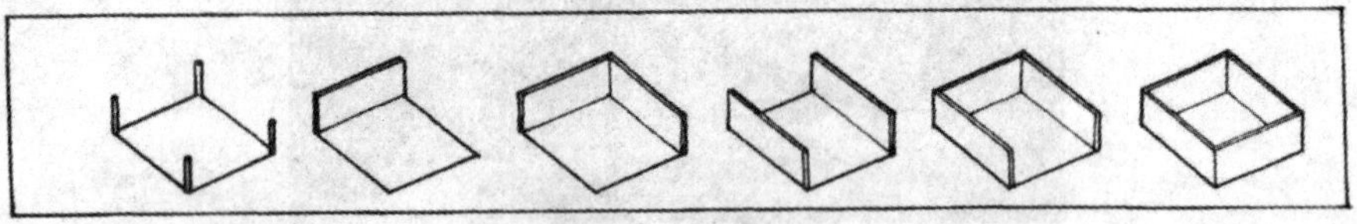

图 3-69　空间形式和围护实体示意图

（一）垂直要素

垂直的形体，在我们的视觉范围内通常比水平的面更为活跃。因此，它是限定空间体积以及人们提供强烈的围合感的一个手法。垂直要素可以用来起承重作用，还可以控制室内外空间环境之间的视觉及空间的连续性，同时还有助于约束室内空间的气流、采光和声音等。

1. 垂直的线要素

垂直的线要素，最易理解的就如一根柱子，它在地面上确定一个点，而且在空间中令人注目。若是一根独立的柱子，它是没有方向性的，但两根柱子就可以限定一个面。一根柱子会明确围绕它的空间，并且与空间的围护物相互影响。柱子本身可以依附于墙面，以表明墙的表面；它也可以强化一个空间的转角部位，并且减弱墙面相交的感觉；柱子在空间中独立，可以限定出空间中各局部空间地带。

没有转角和边界的限定，就没有空间的体积。而线要素就可以用于此目的，去限定一种在环境中要求有视觉和空间连续性的空间。有时空间体积的边缘，可以用明确它的基面和在柱间设立装饰梁，或用一个顶面的方法来建立上部的界限，从而使空间体积的边缘在视觉上得到加强（图 3–70）。

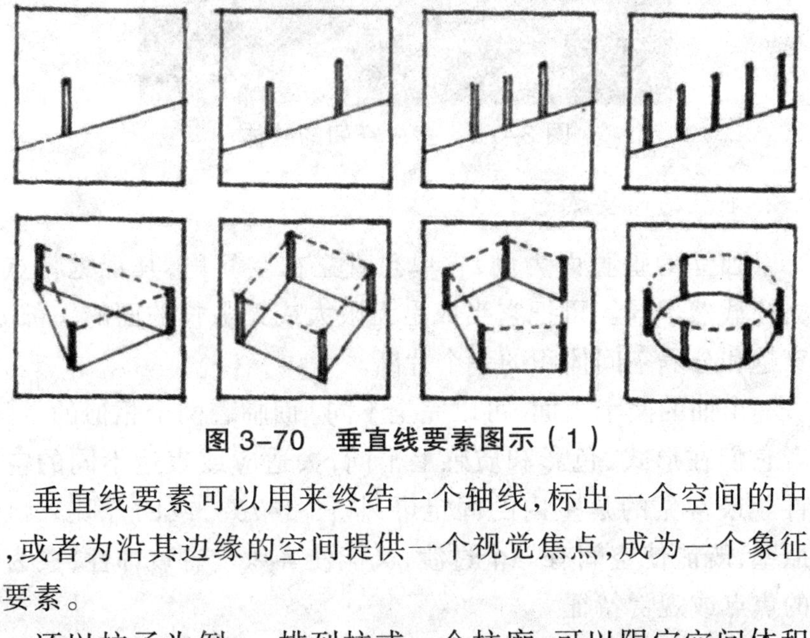

图 3–70　垂直线要素图示（1）

垂直线要素可以用来终结一个轴线，标出一个空间的中心点，或者为沿其边缘的空间提供一个视觉焦点，成为一个象征性的要素。

还以柱子为例，一排列柱或一个柱廊，可以限定空间体积的边缘，同时又可以使空间及周围之间具有视觉和空间的连续性。它们也可以依附于墙面，形成壁柱，表达出其表面的形式、韵律和比例（图 3–71）。大空间的柱网，能建立一种固定的、中性的（交通要素除外）空间领域。在这里面，内部空间可以自由分隔和划分（图 3–72）。

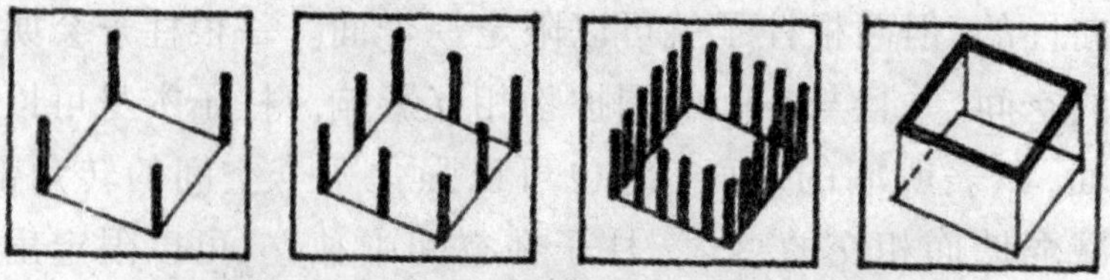

图 3-71　垂直线要素图示（2）

图 3-72　室内空间的柱体

2. 垂直的面要素

以独立的垂直面为例，它单独直立在空间里，其视觉特点与独立柱截然不同。可把它当成是无限大或无限长的面的一部分，是穿越和分隔空间体积的一个片断。

一个面的两个表面，可以完全不同。面临着两个相似的空间，或者它们在形式、色彩和质感上不同，去适应或表达不同的空间条件。最常见的是室内的固定屏风（图 3-73），或四合院入口处的照壁，既能使空间有一个过渡，又能使屏风具有装饰性，成为空间的焦点或观赏特征。

一个面并不能完成限定它所面临空间范围的任务，只能形成空间的一个边缘。为了限定一个空间体积，一个面必须与其他的形式要素相互起作用（图 3-74）。这就牵涉到面自身的比例、尺度与空间及其他形式要素的关系。

一个面的高度影响到面从视觉上表现空间的能力。面的高低，对空间领域的围护感起着很大作用，同时，面的表面色彩、质感和图案将影响到我们对它的视觉分量、比例和量度的感知。

图 3-73　室内固定屏风

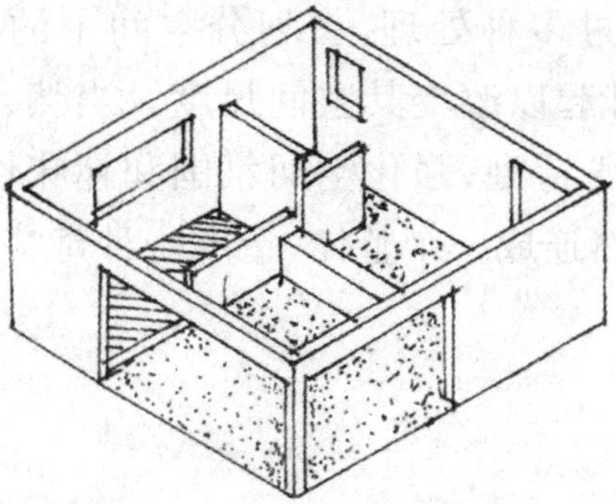

图 3-74　空间垂直要素示意图

（二）水平要素

在室内空间中，水平要素常以面或线的形式来体现，但主要还是以面为基本特征。

1. 基面

具体到实际室内空间中，为了使一个水平的面可被当作一个图形，因此在水平面的表面上，必须在色彩或质感上赋予它可以感知的变化。这样，水平的面界限就越清晰，它所划定的范围就会表示得更明确，界限内的空间领域感就显得愈加强烈，虽然在这个已经限定的领域里视觉是可以流动的。因此，在室内空间中常常用对基面的明确表达，使之划定出一个空间领域，以表示明确的功能分区。

2. 顶面

和一把大伞能提供某种围护一样，一个顶面可以限定它本身和地面之间的空间范围。由于这个范围的外边缘是由顶面的外边缘所界定的，所以其空间的形式由顶面的形状、尺寸以及距地高度所决定。

用垂直的线要素，如柱子来支撑顶面，这些线要素将有助于从视觉上形成界定空间的界限。同样，如果顶面下的基面，通过高差变化的处理，那么限定空间体积的界限将会在视觉上得到加强。

顶棚可以经过多种处理，去划分空间中的各个局部空间地带，通过下降或升起以改变其空间尺度。当然，也可以使顶棚变成相互间隔的特殊造型，强化空间氛围和趣味性，有时甚至可以使顶棚与墙面自然连成一个整体，造成一种奇特效果。

第四章 室内光环境与照明环境

照明不仅是室内设计的基本元素之一,也是最终实现环境整体效果富有创造力的途径。室内设计师恰当地运用照明,可以改变室内空间的视觉效果、聚焦视觉的重点、影响情绪、表现材质或者创造特定的氛围。本章将对室内光环境与照明环境展开论述。

第一节 室内采光环境

一、光度量与照明的质量

(一)光度量

照明的数量通常用光度量来表示。根据被度量方位的不同,有以下几种基本光度量(图 4-1)。

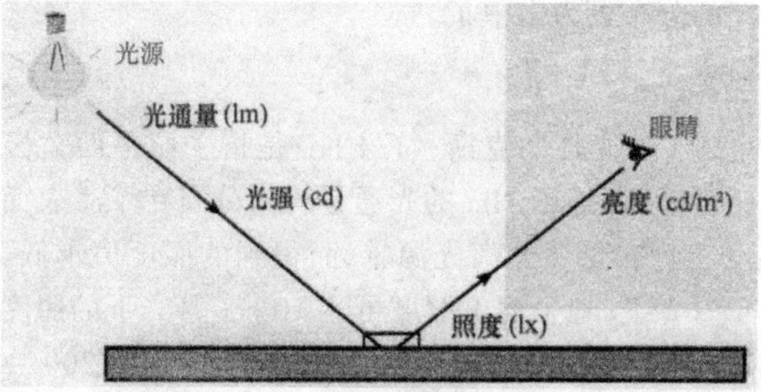

图 4-1 四种基本光度量

1. 光通量

光通量 Φ（单位是流明，符号为 lx）是度量光源发出的光流，在照明工程中，光通量是说明光源发光能力的基本量。例如，通常的60W 白炽灯，其光通量约为 500lm；普通 36W 的 T8 灯管的光通量约为 2500lm；28W 的 T5 灯管的光通量约为 2600lm；70W 的陶瓷金属卤化物灯的光通量约为 6600lm。可以看出光通量也决定了光源的发光效率，即用流明除以瓦数（光源消耗的功率）可以得到光源的光效，单位为流明 / 瓦（lm/W）。例如，一支新的 75W 白炽灯产生 1180lm 的光，则 1180lm 除以 75W 等于 15.7lm/W 就是光效。光效越高，说明光源的效率越高。在实践中，要选择最节能的光源，就应当选那些低功耗而高流明输出的光源。

2. 光强

光强 I（单位是坎德拉，符号为 cd）是光源在给定方向上的发光强度，常用于说明光源和照明灯具发出的光通量在空间各方向或在选定方向上的分布密度。例如，一只 40W 的白炽灯泡发出 350lm 的光通量，它的平均光强为 28cd。在此灯泡上面配白色陶瓷灯罩，灯的正下方发光强度能提高到 70 ~ 80cd。如果配上聚焦合适的镜面反射罩，则灯下方的发光强度可以高达数百坎德拉。后两种情况下，灯泡发出的光通量并没有变化，只是光通量在空间的分布更为集中了。

3. 照度

照度 E（单位是勒克斯，符号 lx）是指受照平面上接受光通量的面密度。1lx 等于 1lm 的光通量均匀分布在 $1m^2$ 表面上所产生的照度，当然，受照面离光源越远，得到的照度值越低。通常，夏季中午日光下，地平面上照度可达 10^5lx；月光下的照度只有几个勒克斯；而装有 40W 台灯的桌面上，照度平均为 200 ~ 300lx。

4. 亮度

亮度 L（单位是坎德拉 / 平方米，符号 cd/m^2）作为一种主观的评价和感觉，和照度的概念不同，它是表示由被照面的单位面积所反射出来的光通量，也称发光度，实际上指被看到的光，因此与被照面的反射率有关。例如，在同样照度下，白纸看起来比黑纸要亮，浅色的光亮墙面反射的照度通常会超过 80%，而深色的粗糙纤维墙面反射的照度会小于 2%。当然有许多因素影响亮度的评价，诸如照度、表面材料特征、视觉、背景、注视的持续时间甚至包括人眼的特征。一般白炽灯的亮度为 2×10^6 ~ $20\times10^6cd/cm^2$，荧光灯的亮度为 0.5×10^4 ~ $3\times10^4cd/m^2$，电视屏幕的亮度为 1.7×10^4 ~ $3.5\times10^4cd/m^2$，而太阳的亮度可达 $2\times10^9cd/m^2$。

（二）照明的质量

采光照明质量的决定因素，包括照度水平、照明均匀度、亮度空间分布、光的方向性（光照方向和漫射程度）、眩光和显色性等。

光是以电磁波形式传播的辐射能。电磁辐射的波长范围很广，只有波长在 380 ~ 760nm 的这部分辐射才能引起光视觉，称为可见光（简称光）。所以说光是由光源（例如太阳或灯泡）发出不同的波长的辐射而产生的，不同波长的光在视觉上呈现不同颜色，例如 700μm 的光呈红色，580μm 的光呈黄色，470μm 的光呈蓝色，可见长波产生暖色光，短波产生冷色光，而且单一波长的光呈现一种颜色，称为单色光。一个光源发出的光经常是由许多不同波长单色辐射组成的，每个波长的辐射功率也不一样。光源的各单色辐射功率，按波长的相关分布称作光源的光谱功率分布（或称光谱能量分布），它决定着光的色表和显色性能。这里要注意光谱的辐射功率单位是 μm/（10nm · lm），而不同于辐射功率单位 W/m^2，在博物馆照明设计中，对书画等特殊展品选择光源时需要应用这方面的知识（图 4-2，图 4-3）。当混合了不同波长的光被物体反射进入人的眼睛，人眼就能看到物体的颜色。例如，黄色的物体，其表面会反射光谱黄色区域的波，而吸收别的颜色的波。目前，人工光源不能完全地模拟自然光的颜色光谱，尽管有些已经比较接近了。例如，通常白炽灯的颜色光谱强调了偏暖的红色波。

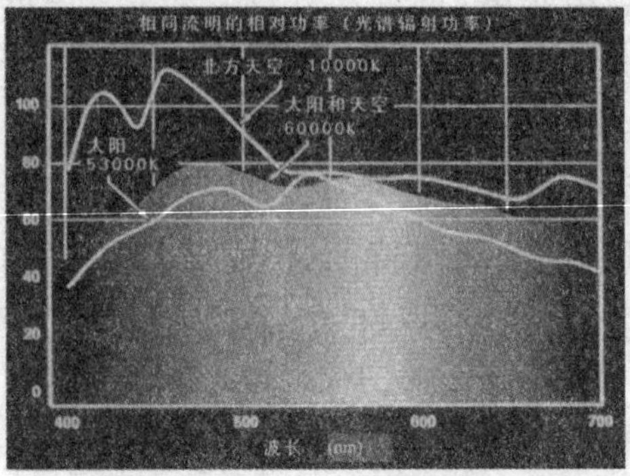

图 4-2　自然光产生的颜色光谱

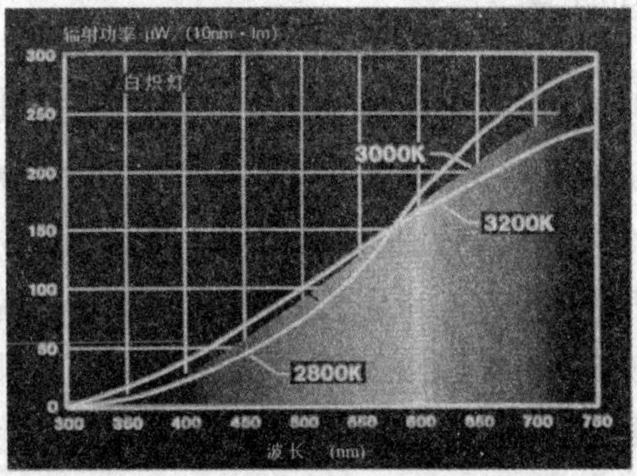

图 4-3　白炽灯的颜色光谱

1. 光亮与阴影

光线有不同的层次，从直射光、漫射光到半阴影和阴影。阴影不是光线的对立面，而是其基本特征，是表现光线存在的最好形式。一间既有光亮又有阴影的房间才会使人感受到其空间、深度、形状和结构。

2. 显色指数 CRI

人工光源产生的光谱越接近自然光，显色性越高，光的质量也就越高，这一特性是用显色指数（CRI）来表示的。CRI 的范围在 0 ~ 100 之间，在一些对光的显色性要求较高的应用领域，如检查印刷样张或挑选服装时，CRI 至少在 80 以上；而 CRI 在 60 ~ 80 之间则属于一般水平；CRI 低于 60 的，主要应用在街道照明或其他对颜色分辨要求不高的区域。虽然高显色指数的灯是理想选择，但是这类灯往往光效不高，如白炽灯。反之，光效很高的高压钠灯的显色指数又很低，所以，实际的选择应当是显色性与光效二者兼顾。

3. 色温 Tc

衡量照明质量的另一个参数是光的色温，用绝对温标开（K）表示，常见的色温在 3000K（通常的暖色荧光灯管）至 6000K（晴天）之间（表 4-1）。根据该度量方法，烛光的色温较低，约 2000K；通常晴天的色温大约为 6000K；北方天空的色温可达 8500K。这一概念看起来好像颠倒了，其实与气体火焰或炉火是相似的：越冷的火焰越红，越暖的火焰越黄，而最热的火焰是蓝色的。所以，红色光的色温低，蓝色光的色温高。我们将光源色的色温大于 5300K 的称为冷色，小于 3300K 的称为暖色，将色温介于 3300K 和 5300K 之间的称为中间色。

表 4-1　光源的色温比较表

光源种类	色温Tc
日光灯管 82系列	2650K
日光灯管 84系列	4000K
日光灯管 54系列	6500K
高压钠灯	2300K
高压汞灯	4000K
金卤灯	4200K
金卤灯	5600K

4. 照明布局

照明的质量还依赖于灯光的分布。设计师必须精心布置光源，否则会造成视觉疲劳、引发烦躁情绪等。如图 4-4 所示，图（a）中光照射在物体表面上时，反射角与入射角相等。图（b）中，意味着角 A 等于角 B。当反射光直接进入视线或观察者直接看到光源就会产生眩光。

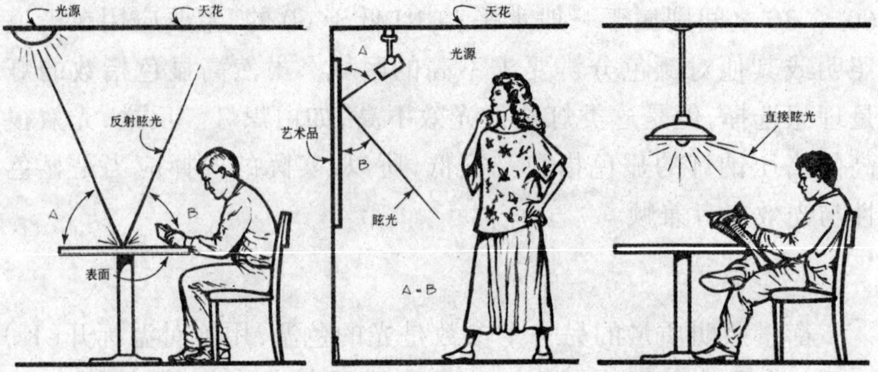

图(a)　　　　图(b)

图 4-4　光源的布置

此外，在使用便携式灯具时，为了防止眩光，可采用磨砂灯泡、玻璃漫射罩或灯罩等提高照明质量的措施。

二、彩光照明的释义

在室内设计中，光不仅能满足人们视觉功能的需要，而且还可以给居住者以美的享受。人在不同照度条件下，具有不同的视觉能力，人的视觉器官不仅能反映光的强度（具有光亮感），而且能反映光波长的特点（具有颜色感）。由于光辐射（或反射），人们能够感觉客观事物的各种不同色彩，从而从外界事物获取信息，产生多种作用和效果。光辐射不仅在人们生活中，而且在环境照明中也具有重要的意义。

环境照明设计的任务，在于借助光（包括天然的光和人工的光）的性质和特点，使用不同的光源和照明器具及照明方式，在特有的空间中，有意识地创造环境气氛和意境，增加环境的艺术性，使环境更加符合人们的心理和生理要求。光对人们的精神状态和心理感受产生积极的影响。

在现代照明设计中，照明还具有装饰空间的作用。一方面创造环境空间的形和色,并使之融为一体,借助于各种光效应而产生美的韵律;另一方面,通过灯具的造型及排列、配置,改善空间比例,对空间起着点缀和强化艺术效果的作用,体现了光的装饰表现力(图 4-5)。

图 4-5　室内灯具排列

第二节　室内照明环境

一、天然光源与人工光源

(一)天然光源

光作为能量的一种形式,自身能发光的物体通常被称为光源。目前我们采用的光源可以分为两类:天然采光和人工光源。天然采光主要指对日光的有效利用。日光发出辐射光谱中的可见光,以及不可见的红外线(长波,产生热量)和紫外线(短波)。由于日光包含紫外光线,可以辐射能量、带来温暖,这对于人们的健康和生活都至关重要。

在可持续发展原则的指导下,天然采光和自然通风日益受到各方的重视。但是对设计师来说,设计的难点在于对日光入射量和入射方向的控制。从早晨到晚上,随时间的变化,日光也发生变化，所以在朝南、朝西的房间内，设计师会采用暗哑的冷调子来与耀眼的阳光和暖意相配合。设计师还可以根据项目的方位、地理位置和气候来设计最合适的采光窗，在降低眩光的同时引入日光，提升室内环境。在电灯发明之前，以燃烧光作为天然光源是唯一的补充照明方法，像火焰、油灯、蜡烛和煤气灯等。如图 4-6 所示为 Canlis 餐厅，西雅图晚餐的著名地点之一，自 20 世纪 50 年代建成后进行了翻新。在晚餐室内采用了壁炉照明。

图 4-6　Canlis 餐厅

现在，在一些住宅设计和餐饮类商业项目中，这些早期的天然光源已经被作为装饰元素了，这主要是由于它们不仅能够补充热量，而且能够发出柔和的光线，创造温馨的氛围。

（二）人工光源

人工光源是通过转化电能而发光的光源，采用不同的瓦数来标识其功率。人工光源是指真实光源发出点的光——即实际存在的灯，起照明空间的作用，并根据照明的需要进行强、弱的对比。它们的特征是有一个明显的发光点，即灯的位置，同时有明显的阴影投射，有明显的衰减范围。一个空间的主要照明往往由主灯光决定，主灯光在室内灯具中是照明强度最大，以及照明范围最广的人造灯，如图 4-7 中的吊灯。

图 4-7　吊灯

最常见的人工光源是白炽灯和气体放电灯(包含荧光灯),另外一种在室内照明中出现的新光源是 LED,即发光二极管。

1. 白炽灯

白炽灯是托马斯·爱迪生于 1879 年发明的。白炽灯发出的光是通过电流加热玻璃泡壳内的金属灯丝至 2500 ~ 3000K 的高温而产生的,因此白炽灯也叫热辐射光源(图 4-8)。

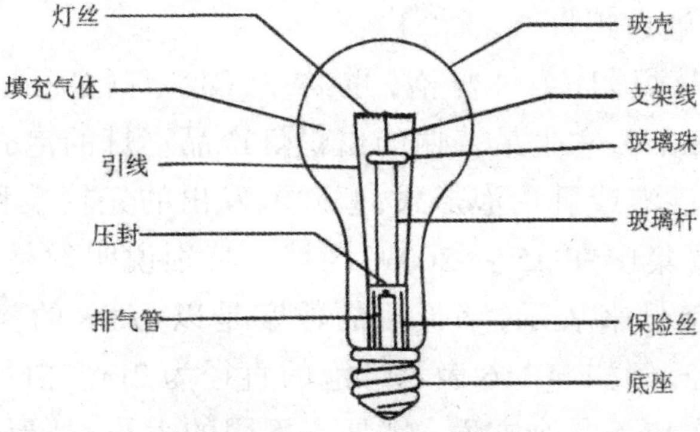

图 4-8　灯泡的剖面图

白炽灯的分类没有统一的规定,这里按照白炽灯的结构分为普通白炽灯、反射型白炽灯、卤钨灯、低压卤钨灯和氙灯等(图 4-9)。

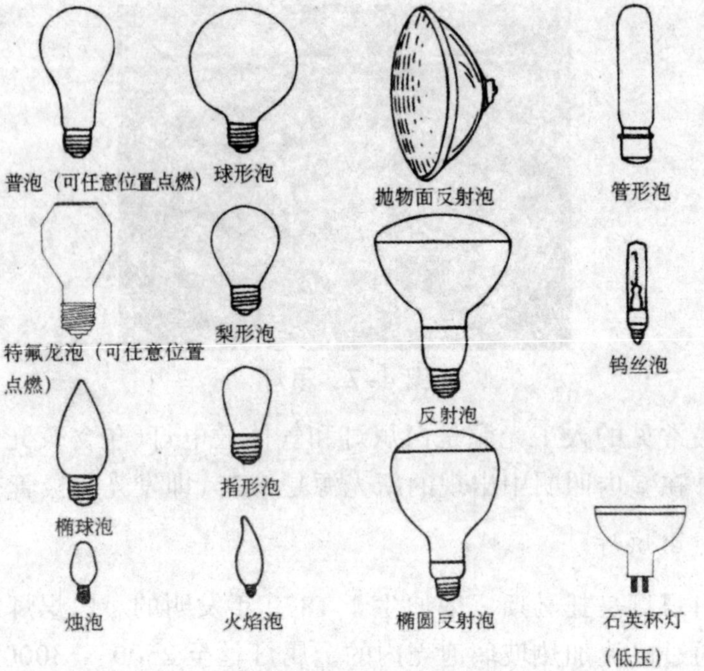

图 4-9　不同类型的白炽灯

（1）普通白炽灯

普通白炽灯简称普泡，也称为 GLS 灯（General Lighting Service Lamps），它是最普遍的白炽灯产品。灯的泡壳既有透明泡，又有磨砂泡或乳白泡形式，磨砂泡发出的光较柔和。灯的功率范围主要集中在 25 ~ 200W 区域。特别说明的是，灯泡的类型通常用字母来表示，字母后的数字是以 1/8in 的倍数表示的灯泡的直径，例如 MR16 表示灯泡的直径为 2in。白炽灯的主要特性体现在如下几个方面：①具有不同的大小、外形、颜色和类型；②体积小，方便使用；③发出暖白色的光，有些偏淡红或黄的色调；④比较适合表现多种肌肤的色调，显色性最佳；⑤有效地表现材料的质感和纹理；⑥可调光；⑦价格相对较低，但光效低导致使用成本较高；⑧产生热量，增加空调系统的负担；⑨便于产生精确的配光，可用做重点照明和作业照明，暴露时会产生眩光；⑩可调和冷色调。

（2）反射型白炽灯

正如它们的名字所暗示的，这类灯泡具有内置的反射器来改善光分布，使灯光射向预定的方向，这样也可以使灯具设计简化。

根据泡壳的加工方法，可分为压制泡壳和吹制泡壳两类。压制泡壳反射型白炽灯常称为白炽 PAR 灯，意为镀铝的抛物反射型灯。它是以硬质耐热玻璃压制成型的，前面的棱镜玻璃有不同的图样，可获得聚光、泛光等各种光束分布，主要用于室内外投光照明。

吹制泡壳反射型白炽灯的泡壳是吹制而成的，泡壳后部为抛物面形状的反射镜面，靠灯丝的位置控制灯的光束宽度，也有聚光、泛光等不同品种。它的尺寸小，重量轻，价格低，是功率较小的产品，所以在室内通常作为轻型投光灯及嵌入式暗灯使用。

（3）卤钨灯

人们在使用普通白炽灯的过程中会发现这样一个现象，长时间的高温会导致灯泡类的钨丝蒸发，但由于灯泡外部有玻璃壳作为屏障，因此，蒸发掉的钨便沉淀在了玻璃壳上。卤钨灯又可称为卤素灯，从其研发角度上来说，卤钨灯其实是白炽灯的升级版，其主要设计原理就是在白炽灯中注入卤族元素或卤化物，与此同时，为了保证卤钨循环的正常运行，在制造过程中，需要大大缩小玻璃外壳的尺寸。卤钨灯若是采用封闭坚硬的小石英管代替灯丝，可加热至更高的温度，产生更强的光，具有更高的光输出。卤钨灯虽然也具有多种形式（图 4-10），但所有卤钨灯的主要特性是一致的：①光输出稳定。较高的工作温度（约 3000K），产生更强的光。②光效寿命上升，是普通白炽灯泡寿命的 2 ~ 4 倍。③体积小、坚固。④价格较高。不可以直接接触皮肤。⑤产生大量的热，所以不可与易燃物临近放置。⑥必须进行遮光处理，不可以用做直接照明光源。

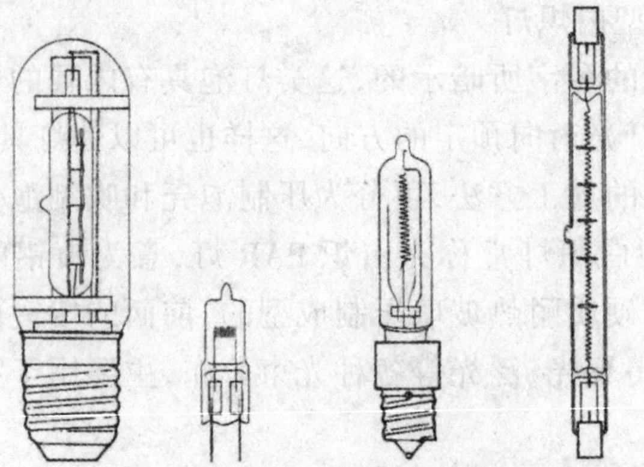

单端 150W 管形卤钨灯

低压(50W)迷你型卤钨灯，适用于小型作业照明用灯具

带迷你底座的标准单端灯泡，50~250W，主要适用于作业照明

标准的 300W 线形光源，用于小型泛光照明和其他灯具

图 4-10　不同形式的卤钨灯

(4)低压卤钨灯

低压卤钨灯主要是指迷你型的卤钨灯,多用于商业陈列照明。这些灯泡的工作电压通常为 12V 或 24V,因此往往需要单独的变压器隐藏于附近的顶面或墙壁中,但变压器必须可以接触到,以便于维护。

(5)氙灯

氙灯也是白炽灯的一种。像卤钨灯一样,这类灯泡发出耀眼的白光。它在低电压、低瓦数时会有较高的光输出,主要用于工作台面的重点照明或勾勒曲线。原世贸大厦的"光之塔"采用的就是氙灯。如图 4-11 所示,在这个现代住宅中,设计的重点在于对天花上的曲线进行了勾勒。室内通过地面材质的变化和天花的设计来区分空间。曲形灯槽中采用的是氙灯。

2. 气体放电灯

白炽灯发出的光是电流通过灯丝,将灯丝加热到高温而产生的,因此白炽灯属于热辐射光源。而气体放电灯没有灯丝,它是借助两极之间气体激发而发光的,称为冷光源。常见的气体放电灯有：荧光灯、HID（高强气体放电灯）和冷阴极管。

图 4-11　氙灯在室内软装中的应用

（1）荧光灯

荧光灯在第二次世界大战后广泛应用，其玻璃管壁涂有荧光粉，内充汞蒸汽和氩气，端头密封。当气体被通过的电流激发后，产生的紫外线激发管壁的荧光粉，发出可见光。荧光灯具有不同的形状和尺寸，目前中国市场上最常见的是 T8 灯管，直径 26mm，长度在 300 ~ 1200mm 之间。它的主要特性是：①荧光灯比白炽灯发出的热量少；②尽管光源较贵，但光效高（图 4-12，色温约 4000K），寿命是白炽灯的 15 倍，消耗的能量却只有 1/3；③紧凑型的荧光灯可以取代大多数的白炽灯；④荧光灯光源体积较大，照明的范围也比白炽灯大些；⑤产生漫射的、无阴影的光线；⑥荧光灯主要用于医院、学校、办公室、商店、工厂和其他大型公共区域；⑦荧光灯不像白炽灯那样容易调光。

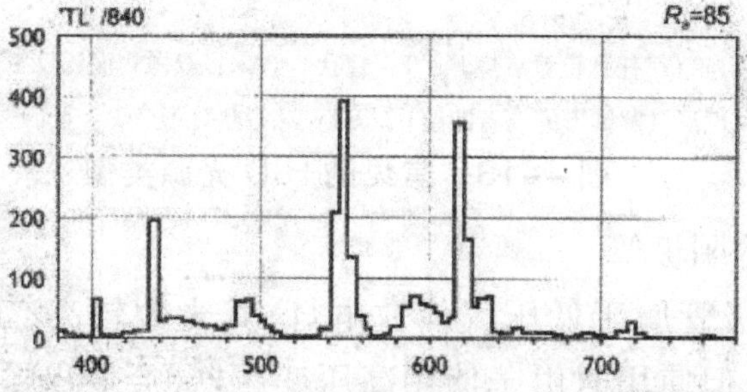

图 4-12　TL/840 荧光灯具有高光效和高显色指数

以前，荧光灯的显色指数 CRI 较低，但是目前已经改善了，所以设计师需指定显色性高的光源来获得好的色彩显现。

（2）HID 光源

还有一类气体放电灯是 HID（高强气体放电灯）。这是由于欧美习惯用灯的发光管壁负荷对气体放电灯进行分类，凡管壁负荷大于 $3W/cm^2$ 的称为高强气体放电灯，简称 HID。它将白炽灯和荧光灯的优点结合起来，采用类似荧光灯的发光原理，但是外观类似白炽灯，只是稍大一些（图 4-13）。常见的三种 HID 光源包括：高压汞灯（发出的光偏蓝）、高压钠灯（发出橘黄色的光，是三种光源中光效最高的）和金属卤化物灯（显色性最好）。HID 光源具有如下特性：①寿命达 16000 ~ 24000h；②光效约是白炽灯的 10 倍；③满足节能的商业目的，符合相应法规；④有些显色性较差；⑤有噪声，因此在小型商业空间和住宅空间中应用有局限；⑥启动后约需 9min 达到 100% 的光输出。

由于光强较高，因此使用 HID 光源时需要遮挡以降低眩光。通常这类光源会用于高大的顶棚空间中，这时光源与观察者的距离较大，以降低眩光。

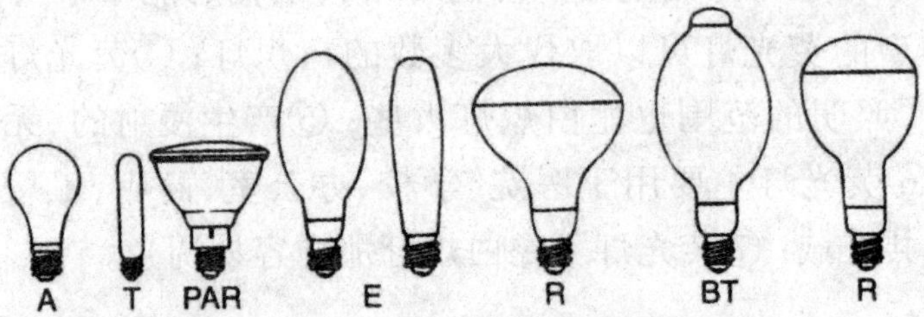

A：标准（可任意位置点燃）　T：管状　PAR：双抛物面铝反射器

E：椭圆形（圆锥形的或有凹纹）　BT：球根状管形　R：反射型

图 4-13　常见的 HID 光源类型

（3）冷阴极管

冷阴极管属于低压气体放电灯，其光效较高，工作温度比荧光灯还低，但使用时由于使用高压变压器，会发出噪声和热，所以进行设计选型时需要仔细斟酌，它主要用于要求的曲线较长、档次不是很高的区域。

冷阴极管的灯管可根据需要弯成各种装饰形状,包括曲线。而且,灯管中充入不同的气体,会产生不同的颜色:充氖气的发红光,充氩气的发蓝绿光。有的灯管外面也涂有荧光粉,可产生从蓝色到粉红色,甚至暖白色的不同颜色光。我们所熟知的霓虹灯大多数采用的是冷阴极管。

(4)LED 光源

发光二极管是室内照明出现的一种新光源,简称 LED。通常在录像机(VCR)和汽车仪表盘上所用的照明就是 LED。其寿命长达 100000h,不用加热灯丝,属于电场作用发光,体积也较小(直径约 5mm),由于相对的光输出较低,所以在室内应用中,通常将大量的 LED 光源聚集在一个较大的泡壳中。

LED 发出的光常见的有:琥珀色、蓝色、绿色、红色和冷白色。也可以采用不同颜色的组合来进行变色,这时往往需要配合照明控制系统。如图 4-14 所示为商业照明设计,采用了多种照明手法。通过照明控制系统的配合,LED 光源在简单的香草图案的墙面和天花上可产生变化丰富的色彩,立柱采用了包金属处理,为室内的变化增添了亮点。LED 也通常用于装饰照明,或者用来强调平面设计上的变化(例如台阶)和柜台、灯具的边缘。

图 4-14 LED 灯的使用

二、室内照明常用形式

室内照明常用的形式有主要照明和次要照明。

主要照明是指影响范围较大的灯光，是室内照明的主要发光来源，如日光灯、吊灯、吸顶灯等照明强度较大的灯光。

次要照明是指影响范围较小的灯光，是作为辅助形式存在的灯光。如暗藏灯光带、LED 灯、节能灯、壁灯、台灯等照明强度较弱的灯光，它们的作用是调节气氛，缓和主要照明的层次。图 4-15 的顶部使用了主要照明和次要照明作为室内的光源，体现出了相互辅助的关系。

图 4-15　主要照明和次要照明

主要照明和次要照明因为具有明确的光源，也可称之为直接灯光。直接灯光的作用是反映出真实世界的灯光照明，它使物体具有受光面并产生阴影，增强物体的重量感和立体感。图 4-16 的沙发在灯光与阳光的照射下显示出了真实的投影，增强了立体感。

提 4-16　投影使物体产生出重量感

室内的次要照明也被称为辅助照明，它们一般用来调节室内空间的气氛，制造色调关系的对比和逆光等特殊效果。它们同样会在物体的表面形成受光面，并产生投影，只是光照的强度稍弱于主要照明，如图 4–17 中的台灯。

在任何情况下，辅助灯光的照明都不要超过主要照明的强度，它们的作用只是点缀局部照明的不足，避免使人们暴露于强光之下，是一种优雅的体现。

图 4–18 卫生间的照明主要来源于顶部的灯光带，通过灯光的衰减使光线逐步变暗。

图 4–17　辅助照明的运用

图 4–18　室内光线的衰减

三、照明设计中的灯具

作为照明设备来说，光源和灯具外壳是密不可分的整体，通常我们把光源和灯具外壳总称为照明灯具。从严格意义上来讲，灯具是一种产生、控制和分配光的器件。它一般由下列部件组成完整的照明单元：一个或几个灯泡；用来分配光的光学部件；固定灯泡并提供电气连接的电气部件（灯座、镇流器等）；用于支撑和安装的机械部件。在灯具设计和应用中最为强调的是两点：首先是灯具的控光部件；其次是灯具的照明方式，主要是向下投光的直接照明，以及向上投光的间接照明，也称反射照明。

（一）建筑照明灯具

考虑室内照明的布置时应首先考虑使灯具的布置与建筑结

合起来，这有利于建筑空间对照明线路的隐蔽，使建筑照明成为整个室内环境的有机组成部分。这一类安装在墙壁上的、顶面上的、与室内空间结构紧密相关的灯具通常被称为建筑照明灯具。在整套室内设计图纸中是包含电气照明部分的。

1. 墙壁安装灯具

挑篷式灯具：主要用于一般照明，常见于浴室和厨房中。

灯槽(图 4-19)：一般布置在墙面与顶面交接处，灯光投向顶面，提升空间高度感，也会用于勾勒周边轮廓，从视觉上延伸空间，显得更加宽敞，甚至塑造出剪影效果。

图 4-19　框内的灯槽

壁灯(图 4-20)：直接安装于墙壁表面的装饰性灯具，风格或古典或现代，可提供直接或间接照明。但考虑到人可触及高度所带来的灯具带电的不安全因素，灯具生产厂家提供的灯具应当符合相应的行业标准。

图 4-20　壁灯

窗帘灯：光源通常安装于窗帘盒内，光线投射到窗帘上不仅增加图案的立体感，而且从私密性考虑，减少了室内人员靠窗活动时身影投射到窗帘上的可能。

2. 顶面安装灯具

该类灯具主要采用以下三种形式安装于顶面上：光源安装在顶面内的嵌入式灯具；整个灯具都暴露在顶面外的吸顶式灯具；安装在顶面上的悬吊式灯具。

吊灯：是最常采用的直接照明灯具，因其明亮、气派常装在客厅、接待室、餐厅、贵宾室等空间里。灯罩有两种，一种是灯口向下的，灯光可以直接照射室内，光线明亮；另一种是灯口向上的，灯光投射到顶棚再反射到室内，光线柔和，如图 4-21 所示。

（a）黄色水晶吊灯

（b）白色水晶吊灯

图 4-21　吊灯

筒灯（灯具行业中常用此称谓）（图 4-22）：外观呈圆筒形，内置光源。根据设计的不同，筒灯可嵌入式或吸顶式安装。该类灯具包括下射灯、洗墙灯和牛眼灯。下射灯主要用于投射光线至目的物上或者将许多只排列起来提供一般照明。洗墙灯的投射角度可任意调节来“洗”亮墙面。

荧光灯盘（图 4-23）：可嵌入式、直接或悬吊安装。为降低成本，常见的荧光灯盘的标准尺寸为 600mm × 600mm 和 600mm × 1200mm。同时该类灯具可配合不同形式的透光罩或格栅柔化光线，降低眩光，这在使用计算机显示屏和 VDT（视觉显示终端）的房间中尤其重要。考虑到顶面的整体性，它可以和空调风口结合。

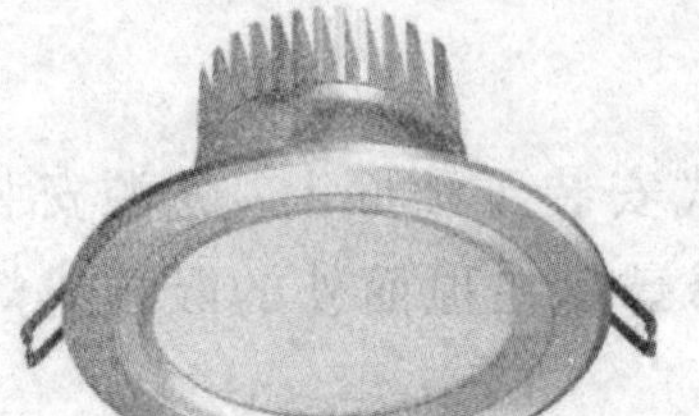

图 4-22　筒灯

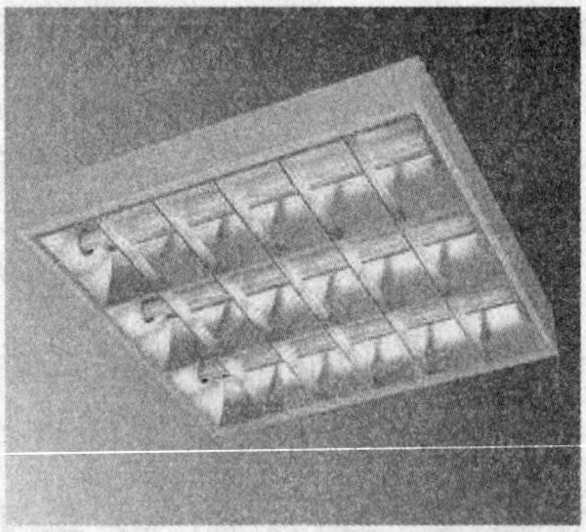

图 4-23　荧光灯盘

檐口灯(图 4-24)：主要安装于顶面上，向下照明。灯带和窗帘灯相似，其区别主要在于安装位置的不同。当其直接安装于窗户上方时，在夜晚可以用做窗户采光照明，降低镜子的黑光效应或消除眩光。

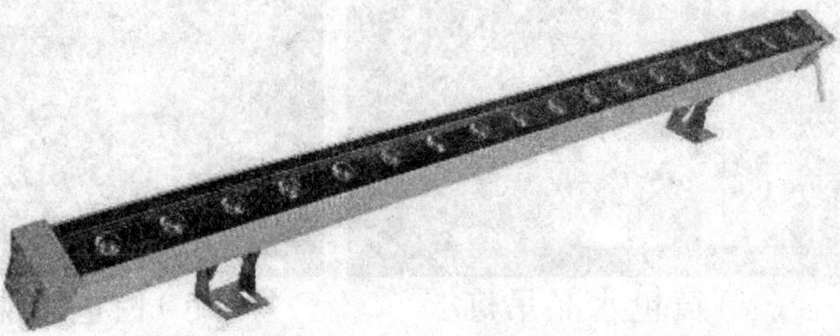

图 4-24　檐口灯

悬吊灯具(图 4-25)：顾名思义是在顶面下方吊装的灯具。其款式和光源的种类多种多样(有时还可定制)。考虑空间比例效果，在高约 2400mm 的房间中，通常的安装高度在餐桌上方大约 750mm 处，并随着房间高度每增加 300mm，安装高度提高 75mm。

吸顶灯(图 4-26)：紧贴于顶面安装的封闭式灯具。该种类型的灯具多用于浴室、厨房以及一体化的家具中，直接向下提供充足的照明。

图 4-25　悬吊灯具

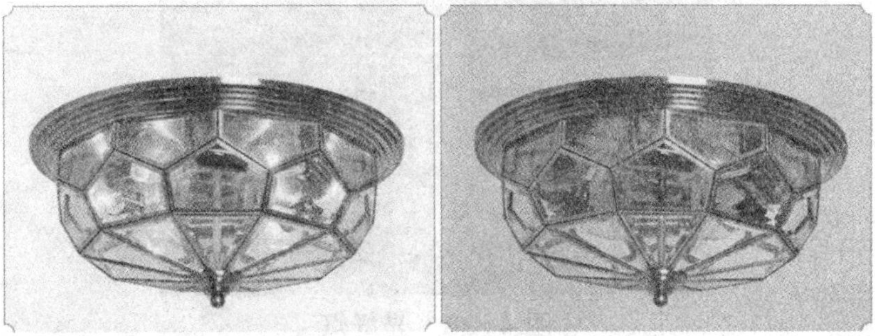

图 4-26　美式吸顶灯

轨道灯：灯具通常直接夹装在顶面的轨道或线槽上，并且灯具位置可任意调节，产生精确的配光，创造不同的效果，配合空间多功能的需求。如图 4-27 所示，在该展示空间中，采用了精细的线性轨道灯照明了雕塑和图画，采用卤钨光源。

图 4-27　线性轨道灯照明

定制灯具：定制的建筑照明灯具可用于强调台阶、扶手的安全照明和其他装饰设计元素。如嵌入式的地灯主要用于飞机上、剧场里或台阶上的安全引导照明。

光纤：这是一类满足定制效果的装饰性灯具。光纤由一束细长的圆柱形纤维组成，它本身并不发光，但它传导光，光线通过光纤传输到另一端形成照明。光纤体小质轻，可隐藏在楼梯扶手或商业展示柜中作为重点照明。如图 4-28 所示，室内空间中采用了装饰型光纤产生星空般的效果。

图 4-28　光纤灯

（二）家具一体化灯

电气照明系统可以隐藏于家具中，二者可以一体化设计。这种将照明灯具置于家具内，既照射桌面、又照射顶棚的装置，是一种节能照明装置，桌面的局部照明可以单独灵活控制。这种局部照明与环境照明相结合的照明方式，比在顶面均匀布置灯具的一般照明方式减少用电量 30% 以上，而且照明质量好。照明电源由地板暗插座中引出，灯的维修也比较方便。如厨房家具中的吊柜，既可以从底部安装灯具照亮下方的工作面，也可以安装于吊柜侧面进行辅助工作照明，甚至还可以像落地灯一样向顶面投射光线增加环境气氛。

（三）便携式灯具

便携式灯具指灯具采用非固定式安装，常见的是台灯和落地灯。它是最古老的室内电气照明的灯具形式,可在住宅或公共空间中采用,不仅有局部照明功能,往往还会塑造小空间的装饰性气氛。

1. 台灯

放于柜子、桌面和床头柜上的灯具,主要有以下三种。

(1)带罩式(图 4-29):灯泡用灯罩罩住,以减少眩光,向上和向下弥散直接光线。这种灯亲切宜人,广泛用在私密性场合。

(2)球状灯(图 4-30):灯罩的材料常为毛玻璃或纸,能降低光源的亮度,散发出漫射的光线。这种灯的外形美观,但也易形成眩光和单调的效果。

图 4-29　带罩式台灯

图 4-30　球状灯

(3)反光灯(图 4-31):在不透光的反光镜内装上普通的或者反光的白炽灯泡,控制其只向一个方向投射光线,这种灯常常是可调的。反光灯很适合阅读和工作照明,但其产生的光线亮度对比太强烈,最好增加一些其他的光源来减少对比。

图 4-31　反光灯

2. 落地灯

立于地面的灯具，其主要种类和台灯相同（图 4–32）。另外还有一种上射式的落地灯，即所有光线向上投放，形成间接的普照光，采用的是白炽灯、高强气体放电灯或卤钨灯。常用于办公空间和公共空间的环境照明，有着迷人的效果。

图 4–32　落地灯

（四）灯具的选择原则

室内灯具必须根据空间功能、人的因素、外观质量、经济性和生态效应等方面进行选择，这里对照明设计中灯具的选用原则进行了总结，如下所示。

（1）合适的配光。通常灯具的配光特性决定了灯具的发光效率和眩光控制。

（2）符合使用场所的环境条件。这需要考虑到灯具的防触电等级、防水和防潮性、防尘性和封闭性等。例如，安装高度在人可触摸到的位置的灯具，应当采用低压的或具有防触电等级的灯具。

（3）经济性。如灯具光输出比、电气安装容量、初始投资及维护运行费用。

（4）外形与建筑和室内空间相协调，烘托室内空间主题气氛。

（5）按照灯具的安装方式选择灯具。

（6）按照灯具光线的投射方向选择灯具，如直接照明、间接照明和半间接照明。

（五）灯具的选择因素

1. 功能因素

照明方式按照功能划分主要有一般照明、局部照明和重点照明三类，室内空间中通常需要对这些不同照明方式进行组合。

（1）一般照明

一般照明也称环境照明，在整个室内空间中均匀分布光线，降低集中照明产生的高对比度，所以通常作为背景照明。

（2）局部照明

局部照明主要为诸如办公室台面工作、家庭备餐或整理等活动提供的局部功能性的照明，所以有时称为作业照明。这一类照明通常与活动区域临近。如图 4–33 所示，局部照明用灯具的放置应当降低眩光、冲淡阴影。

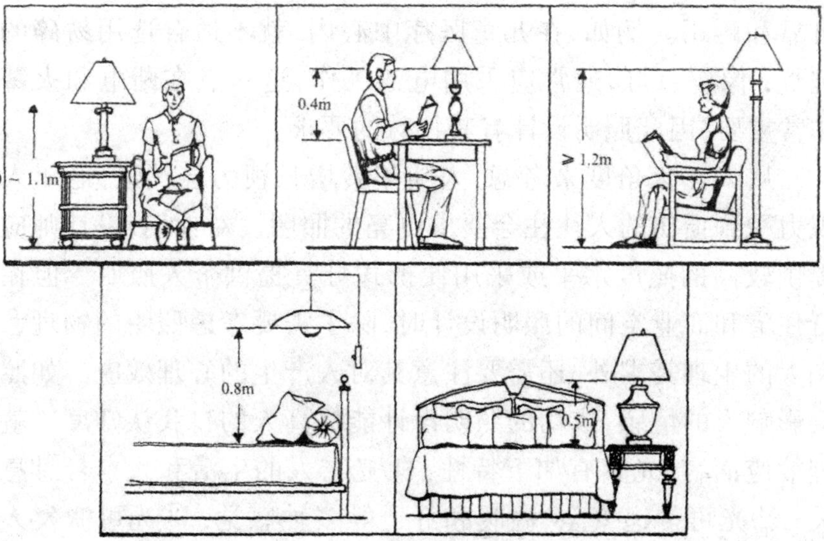

图 4–33　照明灯具的放置

（3）重点照明

采用集中的光束强调出特定的物体或区域。

此外，光源的尺寸、形状和灯具的式样，决定了不同的光输出类型。为帮助选择出合适的灯具，灯具厂商的样本目录中往往会提供光分布图表(配光图表)。如图 4–34 所示，为常见的配光图表。上部是不同灯具的型号，下部是对应的极坐标曲线。许多像飞利浦照明一样的灯具厂，都在光盘中提供类似的数据。

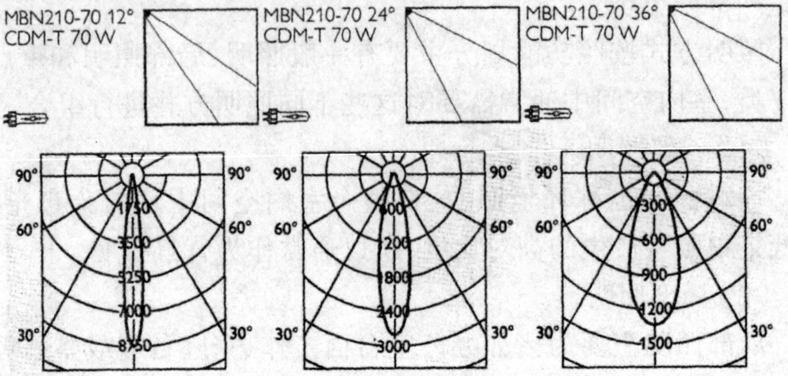

图 4–34　配光图表

通过这些图表，可以读出不同高度上的照度值，这样设计师就可以挑选出合适的灯具和光源了。但照明产品的选用还需要可靠和耐用。例如，在儿童医疗中心内，就不适合选用易碎的霓虹灯；像应急灯，通常应采用电池工作，这一点在断电和火警时非常重要，因此照明设计有其特殊的要求。

从人性化角度来考虑，人随年龄增长视力会消退，老年人或视力受到损伤的人往往会要求更亮的照明。对他们，设计师应当提供较高的照度水平或采用便携式灯具提供个人照明。但在进行住宅和商业空间的照明设计时，除了需要考虑照明的物理参数和人的生理需求外，还需要注意其对人产生的心理效应。如照明会影响人的情感，成功的照明设计能提高人的自我认知度。就心理效应而言，光具有如下特性：①光与人的生活和人本身息息相关；②光可传递安全、温暖和舒适等多种感觉；③光可激发人的情感，例如，较暗的光环境会带来亲密、舒适和轻松感，明亮的光环境则带来激励和活力；④缺少充足的照明会带来沮丧、忧伤，甚至恐惧的感觉，冬季抑郁症(SAD)就主要发生在缺少日光照射的人群中；⑤过度的照明和眩光会带来刺激感、不舒适感、烦恼、不安，甚至行为反常。

2. 美学因素

就美学方面而言，照明应当真实反映并且提升室内的设计风格。选取灯具时应当考虑到室内装饰材料和空间比例。通常，选取的装饰型灯具越简单，越不突兀，越与室内的设计相符合，得到的效果就越好，但也有一些储化灯具的选择会成为室内环境的焦点。如图 4-35 所示，铸铁的镂空天花装饰与其背后的照明融合在一起，强调了该酒店大堂的入口处。

设计师通常采用下列方法，合理地选取和布置灯具以创造出空间的装饰效果。

（1）采用聚光灯重点强调某个物体或某个点状区域。

（2）采用散光灯，光斑范围比聚光灯的要大，可以强调出某个区域。

（3）洗墙灯，其功能介于聚光灯和散光灯之间，通常用于照明墙面上的艺术品或其他陈列，可将整面墙都洗亮。

（4）掠射灯，与洗墙灯的效果相类似，但光线掠射过墙体表面，主要用于强调出墙面上的织物或纹理。

（5）周边照明，主要用于从视觉上提升室内空间尺度。

（6）剪影照明，可以勾勒出物体的装饰性轮廓。有时，可以将植物或者铁艺装饰安装在灯光前面，在附近的表面上产生有趣的阴影。

图 4-35　镂空天花装饰照明

3. 经济因素

设计师对灯具的选择一定不能超过业主的预算，除了需要考虑初始的购买和安装的费用，还需要考虑电能消耗和维修保养的费用。设计师在照明设计和采购上的丰富经验可以在提供充足照明的同时，降低成本。下面的一些原则可以有助于节能。

（1）照明应当满足相应的功能要求。例如厨房的操作台和写字台上会比周围的非工作区域要求更明亮。

（2）采用调光设备，根据不同功能要求，可以调节照度水平，延长光源寿命，并且节能。

（3）采用多级开关，或者在每一个出口都放置开关，就可以方便地获得局部区域所需的灯光。

（4）有时采用可调节位置或投射方向的灯具不失为明智之举。例如，轨道灯具有很大的灵活性，可以调节其投射的方向和角度。

（5）反射灯泡主要用于重点照明和作业照明。在需要强烈的会聚光束的区域，可选用低压聚光灯。

（6）必须选取光效高的光源。随光源功率和颜色的不同，光源的光效差别很大。例如，荧光灯与白炽灯相比，大约可以节约80%的电能。产生5 ~ 30倍的光输出，寿命长约20倍。因此，通常会在商业空间中采用荧光灯。如图4-36所示，在该服务区内，同时采用了上照光和下射光，不仅满足了功能性的要求，而且在300mm×300mm的标准天花上形成了视觉兴趣点。照明设计师在这里选用了悬吊灯、荧光灯灯槽、高效抛物面格栅灯和筒灯。

（7）在诸如仓库和地窖等灯具外形不重要的区域，采用具有工业反射器的灯具是一种经济之举。

（8）浅色的顶面、墙面、地板和家具可以反射较多的光线，而颜色较深的房间会吸收较多的光线，因此需要更多的照明。

（9）保持灯具上反射器、漫射器和光源的清洁有助于延长灯具寿命。

图 4-36　Hnedak Bobo 集团公司照明设计

四、各类型空间的照明设计

照明设计的宗旨是让合理的光线落在合适的地方，但是选择和布置合适的灯具是一个复杂的过程，下面给出的是特定区域照明设计的常规引导。

大堂和入口区域的风格，往往奠定了室内设计的整体基调，照明在其中扮演了重要的角色。在白天，该区域应当保证充足的照明，以方便人们从明亮的室外过渡到较暗的室内；在晚上，照度需要稍微低一些，为重点照明提供一定的背景照度，但至少要保证视觉所需的基本照度。当然接待台会设计得比周围亮一些，以引导人流。入口区域通常也是设计出戏剧化照明效果的理想之地，可以用灯光强调陈设艺术品。

等候室和起居室内一般会采用柔和的背景照明，并在局部加以重点照明，要达到这样的效果，往往将间接照明和直接照明两种方式进行组合，但需注意，过度的间接照明会失去设计重点，所以会通过布置精心挑选的便携式灯具突出房间的视觉焦点，创造舒适的感觉。如图 4-37 所示，是旱塔菲(Santa Fe)风格的装饰，嵌入式筒灯、高处的灯槽、便携式灯具和壁炉带来温暖、舒适的氛围。

图 4-37　旱塔菲（Santa Fe）风格的起居室

对于会议室和餐厅，在其桌面区域周围应得到多功能的照明，以满足不同的功能要求。一般照明提供的背景照度较低，通过调光器控制，可以创造不同的室内气氛，甚至降低到一定程度来满足视听演示的要求。在住宅和餐馆中，创造性地运用重点照明，可以避免平淡的照明效果，创造视觉兴趣点，如同采用烛光可以更好地表现皮肤的色调，创造浪漫气氛一样。

如图 4-38 所示，这是纽约的一家日本式餐厅，综合运用了多种照明设计手法：天花处的木装饰条上安装了轨道射灯；装饰型的壁灯、吊灯、灯槽、下射灯和上射灯定义了精心设计的阴阳符号。下射光透过磨砂板为吧台台面提供了漫射光。

图 4-38　餐厅灯光设计

在办公室、图书馆（图 4-39）和学校内要求采用一般照明。

在使用计算机的地方,来自于上方的灯光应当被恰当地漫射开,防止眩光,采用配备双抛物面遮光格栅的荧光灯具效果特别好。在学习和工作区域作业照明也是基本的配备。

图 4-39 图书馆灯光设计

家庭娱乐室中,会进行各种活动,因此需要灵活的照明设计(图 4-40)。可采用一般照明提供基本照度,并在局部活动区增加作业照明。当看电视或工作时,电视机或电脑屏幕本身就可以反射光线,有效构成照明环境,所以可以将照明调暗到一定水平,以降低照度对比,避免产生眩光。

图 4-40 家庭娱乐室灯光设计

工作室、厨房、教室和器材室等,需要安全、高效的一般照明。可采用吸顶式灯具、嵌入式灯具、轨道尾灯等来提供一般照明,消除阴影;同时也会在工作区或壁橱下加设嵌入式灯具或台灯。如图 4-41 所示是一间当代的欧式厨房。照明设计除了满足了功能性要求,还创造了视觉兴趣点。在台面上方还采用了灯罩式灯提供作业照明。

图 4-41　欧式厨房灯具设计

同会议室相类似，教室有时也会需要调光至低照度水平，以放映幻灯或投影，但必须采用左手采光，即一般人是右手写字，所以必须窗户在左侧，合理利用自然光线，这也是设置黑板位置的前提条件。

卧室里需要舒适的一般照明和合适的作业照明来进行阅读、化妆、工作和其他活动。可以在橱柜上、壁橱里、座椅旁和床头等位置设置直接照明，效果较好；夜晚，需提供较暗的夜灯照明；在挂画或墙面的陈列品上，可以采用重点照明来烘托。

浴室里应当为剃须、梳妆等提供无阴影的照明，可在顶面上布置灯具、在梳妆镜两侧布置灯具或利用浅色台盆的反射光来向上照明。对于普通尺寸的浴室，采用镜前灯就可以了；但对于有浴盆和淋浴的房间，还需要增加一般照明，灯具甚至必须采用密闭防水型的。

楼梯间内需要为安全通道提供一般照明，应当保证能够看清台阶。可以在楼梯的上下半平台上设置带遮光罩的灯具，避免眩光。

走道通常不建议人们停留，所以提供通行所需的基本照度就可以了，当然也可以通过对艺术品的重点照明创造戏剧性的效果，消除单调的感觉。

夜晚的室外花园、平台、庭院、道路的照明可以增加视觉舒适度。这在住宅、商业和教育建筑中已经很平常了。而且,室外照明将室内的灯光延伸至了室外环境中,这样,从室内向外看时,室内外亮度差得到平衡,减轻了黑玻璃效应。如图 4-42 所示为一家私人住宅内的优雅的餐厅,采用了曲线柔和的吊灯和家具来跟室内建筑平直的几何线条相对比。艺术性地照明了悬挂在墙上的建筑装饰物,使室外空间成为室内空间不可分割的一部分。

图 4-42 餐厅吊灯

此外,用于室外具有防风和防雨功能的灯具,不仅可以配置在挑檐下方或外墙面上,还经常会用它们来装饰花园中的重要区域。通过外露的或者暗藏的安装方式,将灯光向上、向下或从多个方向投射到树木、植被、花园中的雕像、喷水池、露台、凉亭,以及其他一些花园景点中,以此来创造一种视觉享受。当然,室外照明的入口通常被设计成视觉的焦点。

五、室内空间的灯光色彩效果图

室内效果图的灯光并不能根据画面的明暗需要随意添加,而应根据实际的设计照明进行光线的增补及调节(图 4-43),每一个光线的来源都要有与之对应的灯具,并通过分析各照明之间的关系、主次,来进行光线的调节,随意添加及制作的灯光将会成为效果图中的噪音,使画面的节奏产生紊乱,从而显得焦灼不安。

图 4-43　灯具的位置及对应的光线

在表现具有大面积玻璃屋面采光的效果图时，可采用阳光自屋顶向室内进行照明，使空间通透，素描关系明确，并形成斑驳的投影，使画面富于光线的变化（图 4-44）。

图 4-44　阳光照明的中庭效果

室内设计的光源主要由太阳光和人造光两部分组成，当表现的空间越大时，需要的灯光越少，主要体现空间的结构关系和素描关系即可（图 4-45）。

图 4-45　室内游泳池

而酒店、住宅等空间由于气氛的需要，采用的灯光要比办公空间和公共场所丰富很多，它们不仅起到照明的作用，同时还要起到装饰的作用。

在表现如酒店类空间时，应尽量体现出灯光设计的特点，刻画出每一个灯具的照明，表现出它们应该产生的装饰效果，通过主次关系表明灯光在实际工程中的应用。而灯具的使用位置往往表现了它在空间照明中的地位，如吊灯起到主要照明的作用，光带、筒灯、壁灯、台灯等则起到了辅助照明的作用，它们的功能是缓和空间的直接照明，使空间的层次更加丰富(图 4-46)。

图 4-46　酒店包厢灯光设计

六、室内灯饰的风格

室内灯饰风格是指室内灯饰在造型、材质和色彩上呈现出来的独特的艺术特征和品格。室内灯饰的风格主要有以下几类。

(一)欧式风格的室内灯饰

欧式风格的室内灯饰强调以华丽的装饰、浓烈的色彩和精美的造型达到雍容华贵的装饰效果。其常使用镀金、铜和铸铁等材料，显现出金碧辉煌的感觉。如图 4-47 所示。

图 4-47　欧式风格的室内灯饰

（二）中式风格的室内灯饰

中式风格的室内灯饰造型工整，色彩稳重，多以镂空雕刻的木材为主要材料，营造出室内温馨、柔和、庄重和典雅的氛围。如图 4-48 所示。

图 4-48　中式风格的室内灯饰

（三）现代风格的室内灯饰

现代风格的室内灯饰造型简约、时尚，材质一般采用具有金属质感的铝材、不锈钢或玻璃，色彩丰富，适合与现代简约型的室内装饰风格相搭配。如图 4-49 所示。

图 4-49　现代风格的室内灯饰

（四）田园风格的室内灯饰

田园风格的室内灯饰倡导“回归自然”的理念，美学上推崇“自然美”，力求表现出悠闲、舒畅、自然的田园生活情趣。在田园风格里，粗糙和破损是允许的，因为只有这样才更接近自然。田园风格的用料常采用陶、木、石、藤、竹等天然材料，这些材料粗犷的质感正好与田园风格不饰雕琢的追求相契合，显现出自然、简朴、雅致的效果。如图 4-50 所示。

图 4-50　田园风格的室内灯饰

第五章　室内环境的内含物布置与陈设

室内设计的陈设与布置是室内设计的重点。室内设计的内含物包括家具、色彩、织物以及绿色植株等，对于这些内含物的陈设与选择，决定了室内的风格与氛围。本章即对家具、色彩、织物以及植株的陈设进行研究与分析。

第一节　家具的布置与陈设

一、家具的类别

家具是空间属性的重要构成，它在室内空间中能有效地组织空间，为陈设提供一个限定的空间。家具在这个有限的空间中，在以人为本的前提下，合理地组织和安排室内空间，满足人们工作、生活的各种需求。

（一）以使用功能为标准划分

家具按使用功能，可划分为支承类、凭倚类、装饰类和储藏类四种。

1. 支承类家具

支承类家具指各种坐具、卧具，如凳、椅、床等，如图 5-1 所示。

图 5-1 支承类家具

2. 凭倚类家具

凭倚类家具指各种带有操作台面的家具，如桌、台、茶几等，如图 5-2 所示。

图 5-2 凭倚类家具

3. 装饰类家具

装饰类家具指陈设装饰品的开敞式柜类或架类的家具，如博古架、隔断等，如图 5-3 所示。

4. 储藏类家具

储藏类家具指各种有储存或展示功能的家具，如箱柜、橱架等，如图 5-4 所示。

图 5-3　装饰类家具

图 5-4　储藏类家具

（二）以制作材料为标准划分

家具，以制作材料为标准，可划分为木质家具、玻璃家具、金属家具、皮家具、塑料家具、竹藤家具。

1. 木制家具

木质家具主要由实木与各种木质复合材料（如胶合板、纤维板、刨花板和细木工板等）所构成，如图 5-5 所示。

木材是家具构造的主要材料，最广泛地用于家具制造业的木材有松木、桦木、枫木、橡木、樱桃木、胡桃木、桃花心木、榉木和柚木等。每种木材都有自己的特性，各个国家对木材也有自己的偏好。但家具用木材必须经过正确的干燥处理，满足预期的构造、功能、表面装饰、尺寸和风格需要。

图 5–5　木质家具

木制家具的材料主要有实木和薄木贴面以及木质人造板。

实木是指家具的部件由一块木料制成，例如，椅子和桌子的腿、框架等。薄木贴面是用在普通木材或合成材料表面的一层装饰木皮，它采用不同的方法切削加工，可以获得特殊的装饰纹理，有时一件铝合金型材为骨架的薄木贴面家具比实木家具更能抵抗翘曲变形，且安装接口便捷、牢固耐用、移动轻便。

木质人造板有胶合板、刨花板、硬质纤维板、弯曲木以及麦秸板等。

胶合板通常用于建筑装饰上，是由多层薄木层积而成的，每一层的纹理互相垂直以提高强度。在家具设计中，胶合板经常用作薄木贴面的基层。

刨花板也被称为木屑板或碎料板，是由木材的碎屑和胶黏剂混合挤压后形成的大幅木质板材。因为刨花板比胶合板表面平整度高，它也经常用作薄木贴面家具的基层。

硬质纤维板是由木材的纤维经过热压制作而成的。它的结构比刨花板致密，通常用作抽屉的底板和背板。

弯曲木是在加压和蒸汽软化作用下把实木放置在模板中制成的。如米哈埃尔・托奈特的弯曲木座椅，在 19 世纪 80 年代制造，至今仍然很流行。

麦秸板，是由过剩和废弃的植物秆茎制成的，可以做染色和涂饰处理，用来制作柜台的台面和搁架。麦秸板被认为是新型绿色产品。

另外，木材接合的类型暗示了强度要求，也决定了一件家具的耐用性和美观性。木材接合最常用的构造方法如下。

榫眼和榫头：一根木料上开有榫眼，与另一根木料上的突出部分（榫头）接合，它们形成牢固的连接，尤其适用于扶手、腿以及框架的连接。

暗榫：将圆棒榫施胶装入相配的孔内，它的强度依赖于暗榫的强度。

斜接：边部加工成 45° 斜角，插入一块长木条连接角部。

燕尾榫：梯形或扇形装入具有相同尺寸和形状的槽口，这种形式的接合适用于抽屉的面板和旁板。

舌榫：企口连接类似于榫眼和榫头的接合，主要适用于长度方向的接合。

搭接：木材一边裁去一半宽度形成凹槽，容纳另一块直线形木料。

对接：这种接合有时在低价位的家具上会看到，但必须有十字支撑件或角部装木质塞角以增加强度。

塞角：转角的木块或隐藏的木块加强桌或椅腿部位的连接。

2. 玻璃家具

玻璃家具，是以玻璃为主要构件的家具，如图 5–6 所示。

图 5–6　玻璃家具

玻璃是家具设计中常用的材料，主要用于桌子台面。玻璃可以进行刻蚀或喷砂加工，整个表面产生细小的霜雾状和不透明的效果。因为玻璃很锋利，所以玻璃的边缘要加工成斜面。此外，桌面玻璃应有一定厚度，并经过钢化处理，防止破碎后锋利的边缘伤人。

如图 5-6 所示，清澈的玻璃表面，不仅具有艺术性并且有助于扩展空间，玻璃使室内空间熠熠生辉，增加了空间的情趣。玻璃有时用在古式或实木家具的台面上，保护漆膜。玻璃可以将卫浴产品制造得具有雕塑感。

3. 金属家具

金属家具是以金属管材、线材或板材为基材生产的家具，如图 5-7 所示。

图 5-7　金属家具

金属是家具构造的常用材料，有铝、铬钢、铁和钢等，它可以经过焊接、铆接等加工方法制成各种形状，为设计提供很大的灵活性。

铝的强度相对较低，所以需要用管状型材加工成腿和框架等构件，同时它的表面需要进行氧化工艺处理以防止腐蚀。

铬主要用于家具用金属的表面处理，它的特点是磨光后表面光泽度高，抛光后也可获得很好的光泽。

铁主要用于制作户外家具和栏杆等。

钢是铁和碳的合金，是家具制造中最常用的金属。这种金属加工成钢板后，常用于办公家具、橱柜、搁架或其他产品。包豪斯时期几位设计师的作品使得钢管家具在19世纪20年代后期大受欢迎。

其他用于家具上的青铜、黄铜和锡这些金属仅仅用作家具的装饰配件。

4. 皮家具

皮家具是以各种皮革为主要面料的家具，如图5-8所示。

图5-8　皮家具

5. 塑料家具

塑料家具是整体或主要部件用塑料（包括发泡塑料）加工而成的家具，如图5-9所示。

图5-9　塑料家具

塑料具有耐久性和易清洁的特点，可是，塑料经过一段时间后会变得没有光泽、易破碎或刮擦，甚至一些合成材料易燃，损坏后难以维修。因为塑料主要是石油基，它们要耗用不能更新的石油资源，同时不是所有的塑料都可以生物降解，只有一部分可以回收利用。

6. 竹藤家具

竹藤家具是以竹条或藤条编制而构成的家具，如图 5-10 所示。

图 5-10　竹藤家具

竹子、白藤、藤条、灯芯草和枝条形状的材料都来自于自然，这种天然特性使得它们容易和一些日常使用的物品相配，可以很好地用于室内或室外空间。如在一个充满电子产品的房间里，它们的存在也为空间增加了情趣。

竹子具有木质化特征，但它空心的竹竿和环状的竹节，可以用来制作轻型家具。

藤杖是从木芯藤木棕榈上切割获得的，可以弯曲成各种设计需要的形状，主要用来制作椅子、桌子和床。

藤条是由劈开藤获得的，可以编织成网状。大约 1660 年，藤条被引入英格兰，用于椅子的座面和靠背，以及一些户外桌子的台面。

灯芯草是紧紧搓在一起做成绳子的长草，再将绳子编织起来，可以做椅子的座面和靠背。

枝条编织技艺就是从传统篮筐编织技艺而来。自古代起就用在椅子上，枝条编织的椅子可以用灯芯草、细枝或芦苇等材料。

（三）以结构特征为标准划分

1. 框式

框式家具以榫接合为主要特点，通过榫接合构成承重框架，围合的板件附设于框架之上，一般一次性装配而成，不便拆装，如图 5-11 所示。

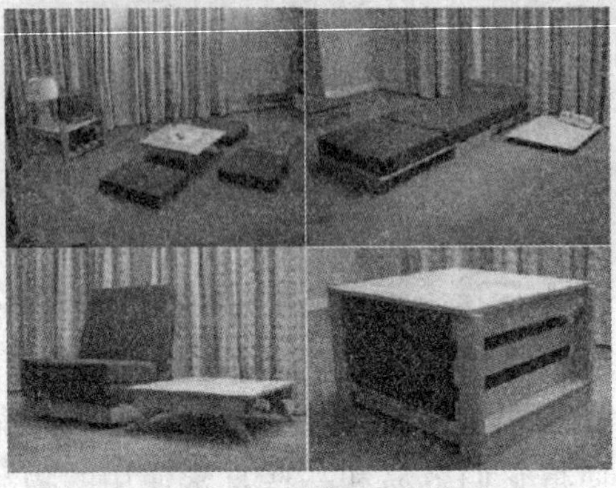

图 5-11　框式家具

2. 板式

板式家具是以人造板构成板式部件，用连接件将板式部件接合装配的家具，板式家具有可拆和不可拆之分，如图 5-12 所示。

图 5-12　板式家具

3. 折叠式

折叠家具是能够折动使用并能叠放的家具，便于携带、存放和运输,如图 5-13 所示。

图 5-13 折叠家具

4. 拆装式

拆装式家具是用各种连接件或插接结构组装而成的可以反复拆装的家具,如图 5-14 所示。

图 5-14 拆装式家具

5. 曲木式

曲木式家具是以实木弯曲或多层单板胶合弯曲而制成的家具,具有造型别致、轻巧、美观的优点,如图 5-15 所示。

6. 壳体

壳体家具指整体或零件利用塑料或玻璃一次模压、浇注成型的家具,具有结构轻巧、形体新奇和新颖时尚的特点,如图 5-16 所示。

图 5-15　曲木式家具

图 5-16　壳体家具

7. 树根式

树根式家具是以自然形态的树根、树枝、藤条等天然材料为原料，略加雕琢后经胶合、钉接、修整而成的家具，如图 5-17 所示。

图 5-17　树根式家具

二、家具的风格

(一)新古典风格

新古典风格的家具,其实是加入了现代元素的古典风格,它在保留了欧式风格的雍容尊贵、精雕细刻的同时,又将过于复杂的肌理和装饰做了简化处理,使其更符合现代人的审美观。图5-18和图5-19分别为新古典风格的沙发和梳妆台设计。

图5-18 新古典风格沙发

图5-19 新古典风格梳妆台

(二)现代风格

现代风格造型简洁,线条简单,没有过多的繁复装饰。它讲究的是家具的功能设计，它以先进的科技和新型的材料为表现形式。如图 5-20、图 5-21 分别为现代风格的组合沙发和双人床。

图 5-20　现代风格组合沙发

图 5-21　现代风格双人床

（三）欧式风格

欧式风格的家具雕刻讲究，手工精细，整体的轮廓及结构的转折部分，常为曲线或曲面的构成，并常伴有镀金的线条装饰。整体给人的感觉是富丽堂皇、华贵优雅。

根据欧式家具的装饰特点和色彩处理，欧式家具常分为欧式古典家具（图 5-22）、欧式新古典家具（图 5-23）、现代欧式家具（图 5-24）、欧式田园家具（图 5-25）。

图 5-22　欧式古典边桌

图 5-23　欧式新古典沙发

图 5-24　现代欧式书桌

图 5-25　欧式田园家具

（四）地中海式风格

地中海风格的家具根植于巴洛克风格，并融入了田园风格的韵味，其家具的线条简单柔和，不是直来直去的线条，多为弧状或拱状。在选材和质感上，多为木质和布艺，木质的家具表面通常做旧，表现质朴（图 5-26）；布艺的家具则多为色彩清爽的碎花、条纹或格子，追求休闲舒适的自然气质。

图 5-26　地中海风格桌椅

（五）中式风格

中式风格的家具多为明清时的家具样式，融合了中国传统庄重与优雅的双重气质。在中式风格中用得比较多的是屏风、圈椅、官帽椅（图 5-27）、案、榻、罗汉床（图 5-28）等，颜色多以原木色、暗红色、深棕色为主。一件件家具仿佛一首首经典的老歌，流淌在空间中的每一个音符都耐人寻味。

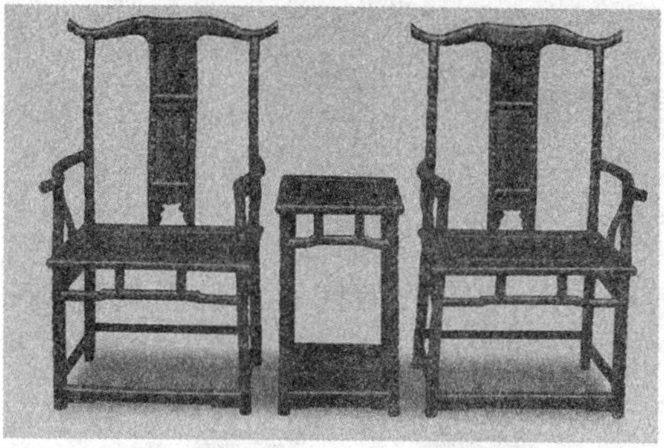

图 5-27　官帽椅

图 5-28　罗汉床

新中式风格中，则是将这些繁复的传统元素符号进行提取或简化，用最简单的语言来表达。古典的语言、现代的手法、意境的注入等，这些都表现着现代人对意味悠久、隽永含蓄、古老神秘的东方精神的追求，如图 5-29 为新中式组合家具。

图 5-29　新中式组合家具

三、家具的布置与陈设

（一）家具的布置

1. 合理的位置

陈设格局即家具布置的结构形式。格局问题的实质是构图问题。总的说来，陈设格局分规则和不大规则两大类，规则式多表现为对称式。有明显的轴线，特点是严肃和庄重，因此常用于会议厅、接待室和宴会厅，主要家具成圆形、方形、矩形或马蹄形。不规则式的特点是不对称，没有明显的轴线，气氛自由、活泼、富于变化，因此常用于休息室、起居室、活动室等。这种格局在现代建筑中最常见，因为它随和、新颖，更适合现代生活的要求。不论采取哪种格局，家具布置都应符合有散有聚、有主有次的原则。一般地说，空间小时，宜聚不宜散；空间大时，宜适当分散。

室内空间的位置环境各不相同，在位置上有靠近出入口的地带、室内中心地带、沿墙地带或靠窗地带，以及室内后部地带等区别，各个位置的环境如采光效率、交通影响、室外景观各不相同。应结合使用要求，使不同家具的位置在室内各得其所。

2. 家具布置的方法

家具布置的形式与方法，如表 5-1 所示。

表 5-1　家具布置的形式与方法

依据	形式	方法
家具在空间中的位置	周边式	沿四周墙布置，留出中间位置，空间相对集中，易于组织交通，为举行其他活动提供较大的面积，便于布置中心陈设
	岛式	将家具布置在室内中心部位，留出周边空间，强调家具的中心地位，显示其重要性和独立性，保证了中心区不受干扰和影响

续表

依据	形式	方法
家具在空间中的位置	走道式	将家具布置在室内两侧，中间留出走道。节约交通面积，交通对两边都有干扰，一般客房活动人数少，都这样布置
	单边式	将家具集中在一边，留出另一边空间（常称为走道）。工作区与交通区截然分开，功能分区明确，干扰小，交通成为线形，当交通线布置在房间的短边时，交通面积最为节约
家具的布置格局	对称式	显得庄重、严肃、稳定而静穆，适合于隆重、正规的场合
	非对称式	显得活泼、自由、流动而活跃，适合于轻松、非正规的场合
	分散式	常适合于功能多样、家具品类较多、房间面积较大的场合，组成若干家具组，不论采取何种形式，均应有主有次，层次分明，聚散相宜
	集中式	常适合于功能比较单一、家具品类不多、房间面积较小的场合，组成单一的家具组合
家具布置与墙面的关系	靠墙布置	充分利用墙面，使室内留出更多的空间
	垂直于墙面布置	考虑采光方向与工作面的关系，起到分隔空间的作用
	临空布置	用于较大的空间，形成空间中的空间

（二）不同居室的家具陈设

家具的实用性最重要，它直接决定了人们能否生活得舒适自在。精挑细选的家具、慎重考虑过的摆放位置和方式能提高居住者的生活品质，相反，不科学的设计会在很大程度上限制人们的生活方式。

1. 玄关

玄关是整个空间风格的起点，实用性和设计感同样重要。玄关一般需要承接人们的进出往来，许多人还会在这里换鞋、穿外套和最后确认妆容，因此玄关柜、玄关桌或长凳一般是玄关的首选家具，再配合鲜花、简洁实用的桌摆和可调节明暗的台灯，便能轻松打造出舒心的氛围。

半圆形的桌面配上精致的桌腿，这种玄关桌经典而怀旧。虽然没有储物空间，但它平滑圆润的造型便于人们通行，不会产生磕碰，适合较窄的通道和玄关（图 5-30）。

图 5-30　玄关边桌

2. 客厅

客厅既可以是亲朋好友畅谈团聚的地方，也可以是独自看电视、阅读的地方，因此给客厅选家具的时候最重要的是先考虑这个空间的主要用途。如果业主喜欢安静地阅读，那么舒适的贵妃椅或者单人沙发再配一个小书架和阅读灯为最佳选择；如果业主喜欢看电视，那么客厅的主题就要围绕电视墙展开。选家具前要严谨地考虑一下整体平面结构图的规划，这样可以为后续工作节省大量时间和精力。

3. 餐厅

餐厅是享受美食、畅所欲言的地方，不论是颜色还是布置都应该让人觉得放松、愉悦。如需较多的储物空间，就要求餐边柜功能齐全，既可以储藏餐具、桌布、餐巾，还可以在聚餐时做临时操作台。大部分餐桌为 75cm 左右的高度。应该根据不同的平面结构和功能需求来决定桌面的形状，比如相对于方形餐桌，圆形餐桌更适合聚会。

4. 厨房

橱柜决定了厨房的整体感觉，然而操作台和周边墙面的选择则能体现使用者的喜好和个性。材质的选择要契合使用者的生活方式并容易打理与保养，例如，洗碗池和地面。另外，烹饪的地方需要加强光照明。

让厨房有别于其他房间的重要元素就是整套的橱柜。地柜一般高 88cm，深 61cm 左右，既可以是柜式的也可以是抽屉式的。顶柜虽然高度多样，但深度一般都在 30cm 左右，且悬挂在高于操作台 40 ~ 45cm 的位置，既能够触到又不会碰头。

5. 卧室

舒适的卧室是一夜好梦的保证，温馨的色彩搭配、舒适的床品、良好的通风和绿色盆栽都能增加卧室的和谐感，让人彻底放松下来。卧室同样是彻底展现个性的私人空间，法国国王路易十四把宴会厅和沙龙场所装饰得奢华繁复，但卧室却是他情有独钟的简洁风格。所以，卧室家具和饰品的选择上可以充分展现主人的喜好，如床就有许多风格可供选择。

第二节　室内色彩及其设计

一、室内色彩的分类与选择

（一）无彩色设计

无彩色设计的配色方案是由黑色、白色和各种不同的灰色形成的。黑、白、灰这些色彩在物理上并不认为它们是色，但在心理上以及设计与艺术上都把它们作为出色的色彩来对待。尤其在中国，自古以来就有墨分五彩之说。它虽然没有明确的色调，只有明暗关系（图 5-31），但其可以重点装饰彩色的艺术品或绿化，这是由于明暗的变化比彩度的变化在视觉心理上有更强烈的作用。

图 5-31　无彩色设计的房间

在某些黑白系统中，也可以加进一种或几种色相，也就是说相对于无彩色设计包含了一些色彩，但彩色只起到点缀作用，配色方案仍是由一个低彩度的色彩形成的。例如，暖色和冷色之间的中性化的颜色，最典型的中性色或单调色包含彩白色（白色中间夹杂着一些少量的其他颜色）、米色、乳白色、棕褐色和褐色（图 5-32）。这种配色丰富而不紊乱，彩色面积小而重点突出。重点使用在小家具及装饰品上的高彩度色彩，在不影响中性色调的同时还能增加视觉冲击力。

图 5-32　中性化色彩设计

（二）单色调设计

这种方法指的是室内空间以一个色相作为整个色彩的主调，当然色彩的明度和彩度可以有所变化。这种配色适用于小空间或静态空间，可以产生单纯细腻的色彩韵味。在单色调配色方案中人们往往可能存在着一种担心，那就是会导致单调，然而看看自然界中玫瑰花的花瓣，我们可以从柔和的明暗中看到清淡的粉红色到深红色的变化。当然，更不能忽视图案、黑白灰色调等为单色调配色方案的调剂（图 5-33）。

图 5-33　单色调设计的房间

（三）类似色设计

类似色配色方案是运用标准色环上任何部分的相邻颜色，如图 5-34 所示。所以，类似色有相近的性格，很容易协调，是最容易使用的配色方案。比如黄色，是橙色和绿色中都有的颜色，而通过橙黄色和黄绿色等中间色的使用，室内设计师就可以用许多种明度和纯度形成一种相近的类似色设计。这种方法容易形成高雅、华美的视觉效果，适用于中型空间或动态空间。

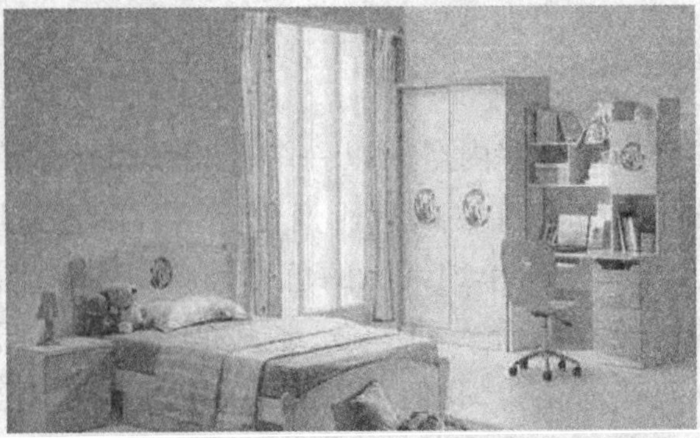

图 5-34　类似色设计的房间

（四）互补色设计

这是设计师在大型动态空间设计中擅长使用的一种配色方案。互补色或称对比色配色方案是运用色环上相对位置的色彩，如红与绿、黄与紫，其中一个为原色，另一个为二次色。互补色配色方案一定同时包含暖色和冷色，因为它们处在色环上的对立面，所以会使室内生动而且快速赢得注意和引起兴趣。当然，有时会通过明度或彩度的变化而对过强的对比色加以软化，以获得平静的效果。设计中往往会涉及六种互补色配色方案：直接互补、分离互补、三色互补、两色互补、交替互补、四角互补（图 5-35），但前三种是最常用的。

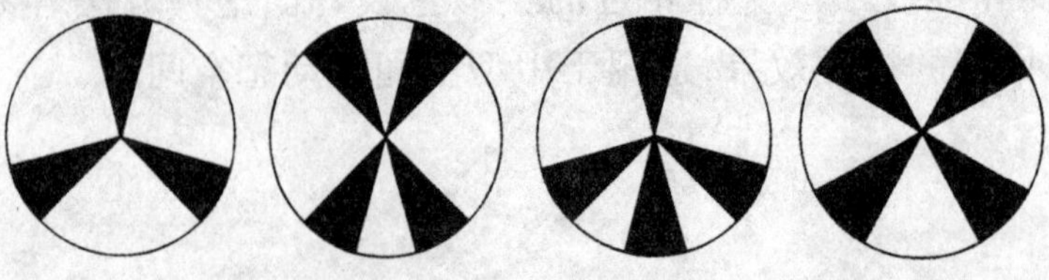

图 5-35　配色方案

1. 直接互补

直接互补是最简单的补色配色方案，它的形成就是在色环上使用两个直接相对的颜色（图 5-36），但色调中的一个颜色占主导地位。如果在房间中使用相同数量、相同强度的补色，颜色冲突，这就制造了一个令人不愉快的环境因素。最好使用二次色作为中性色或是在局部使用。

图 5-36 直接互补

2. 分离互补

分离互补是由任意一种颜色加上它的对比色相邻的两个颜色所组成的三色配色方案。例如，如果黄色被选中为主色调，红紫和蓝紫是对比色，这样没有直接对比色——紫色那么强烈，使得方案看起来更加柔和，同时也更富于变化。

3. 三色互补

三色互补是另一个三色对比色配色方案。互补的三色是由色环上三个距离相等的颜色组成的，这些颜色或许会形成鲜明的对比。使用有很强纯度的颜色如三原色：红，黄，蓝；或是橙红、黄绿和蓝紫，或是它们的中间色，在明度上提高或是降低以此产生一个平衡的配色方案。

二、室内色彩构图

（一）顶面

顶面是房间中最大的未被利用的界面，它的色彩对房间的整体感觉起很重要的作用。当墙面用深色木饰，顶面应该用白的或亮的浅木色才会出效果。如果木饰是白色的，白色的顶面会更适合。当顶面太高时，更深的深色或鲜艳的色相能使它看上去低些。而层高较低时，相反的方法能使它看上去高些（图 5-37）。

图 5-37　顶面设计

（二）护墙板

如果房间饰以深色调的木饰，墙面可以用高纯度的色彩，因为深色的木饰，吸收色彩。如果饰面板是浅色，而且想要有协调的效果，房间可以用浅色的和低纯度的色彩。较庄重的木质镶板，有较稳重的配色方案。如果木镶板是轻松、自然的，色彩应该增加淡雅的效果。

（三）窗户

任何房间的成功多依赖窗户的处理方式，以及用在窗幔、窗帘、挡光板、屏风、遮阳板、百叶窗和其他窗饰的色彩。如果要有一个非常协调的背景，窗户的处理应当使用与墙面相同的色相、明度和彩度。如果想要对比的效果，就应用与墙面相对比的色彩，但是它必须同房间的其他颜色相协调。通常人们会喜爱白色和彩白色的窗帘，但需要注意没衬里的窗帘或薄窗帘会被室外看到。

（四）木装饰

门套、天花板、地板和其他建筑细部的木饰色彩，对房间的主要色调是很重要的。上色时，木饰可以是像墙面一样的色相、亮度和彩度，也可以选择比墙面的色调深一些的颜色，这样能使墙壁边界显现。大多数专业设计师主张用相同色彩的木饰，以便在整个室内环境中，房间之间可以很好地过渡。

三、配色方案的选择

在设计一个配色方案时，设计师们应首先考虑客户的需求，但很多时候客户会选择一种特殊的色彩作为室内环境的基准色。正如我们前面讨论的，配色方案应源于并忠于室内设计的创意。无论设计师从哪里着手，空间的配色方案应遵循色彩适宜分配和空间过渡的规律。当然，配色方案也可以从漂亮的壁纸、一块地毯或一幅珍爱的绘画和一件艺术作品中汲取灵感，甚至是根据公司的标志开始配色设计。

（一）色彩的分配

色彩是室内设计师最有用的统一元素，而且熟练地配置会使空间统一、协调，完成色彩分配主要有两种方法。

1. 明度

根据明度分配是必需的一步。根据需要的效果，每一个房间都会用一些浅色、深色和中间色来加以区分。大部分情况下，最深的色用在最小的空间，而纯度较低或是较中性的色被用在大空间，剩余的空间用中等明度。这种明度的应用叫作色彩分配法则。当我们在一个房间内应用这个法则，背景色如地板、墙面和天花板用最中性的色调，大件家具用中等的饱和色，而小椅子、附件用最纯的颜色。

2. 色调

许多成功的设计都围绕着一个主色调设计。这种色彩不需要用在所有主要家具上，但是至少应当被重复一次使用以产生统一的感受。用一种包含于所有其他色彩的颜色，也能够达到统一。例如在色环上顺时针方向，从红橙色到蓝绿色的色调中，都包含黄色，而能很好地协调在一起。黄色是包含于其他色彩中的一种颜色，是后退色，而且能够使其他色彩突出。

尽管上述原则描述了房间配色的最稳妥的方法，但是偏离它们也有可能产生令人满意的效果。

例如，深色墙面能产生一个舒适的温暖和安全的感觉，而且能够统一房间的家具。浅色地板能增加空间，而且和深色墙面相邻，能产生戏剧性效果。通常，深色天花板会缩小空间、令人压抑。而另一方面，依靠建筑结构，用深色天花板能产生一个夜晚天空无边无际的幻想空间。在商业设计中，深色天花板经常被用在饭店和零售机构，是为了隐蔽管线和设备。

（二）相邻房间的过渡

当两个房间相邻，它们的色彩就应该有联系。例如，在门厅壁纸上的主色调，可以降低纯度用在相连的起居室的墙面上，也可以通过一块织物来强调。下面是一些最常用和最成功的色彩过渡的设计方法。

（1）许多专业设计师让相邻房间的地板保持一致。例如，除了入口、会议室和公共空间，一块灰色地毯可能被用在所有的房间。

（2）相似的墙面和顶面能让相邻房间形成一个连贯的色彩过渡。

（3）各种家具和窗饰的色彩，应当考虑色彩过渡的效果。

（4）从一个室内空间到另一个室内空间的室内陈设色彩，有助于创造一个有效的色彩流动。

发展运用配色方案的技巧，理性地使用色彩分类法则和考虑空间的过渡需要花费时间和耐心。设计师们最好是在房间施工以前，先展现房间效果图。

（三）形象化的视觉交流

客户在脑海中形成一个色彩并置效果的图像是不容易的，所以设计师和客户需要视觉化图像的辅助。形象的视觉交流方式，能在帮助客户的同时也有助于设计师们形成完整空间的形象化的概念。下面是配色方案的形象化交流的三种方法。它们一般在概念设计和方案设计阶段使用。

（1）将各种元素，像墙面、顶面、家具和其他配件按比例画出来，而且包括织物、颜料和原材料样本，这种方法能完整地显示项目的细节和整体效果。

（2）把所有将用到的材料样本按比例组合起来，这种方法更接近完成房间的视觉效果。

（3）许多专业设计师擅长用着色的平面图、立面图和透视图，以及家具和织物样本的图片。

其他的色彩工具对设计师也是有用的，如油漆公司有成套的色卡等。无论用什么方法，重要的是记住你的目的是向客户形象地解释最终的配色效果。

四、流行色

在色彩应用上的某种自我主张，得到大众的认可、追随与模仿，使之形成某种倾向，就出现了流行色。现在主要出于商业策略，为了事先把握准市场脉搏，或预测出可能出现的流行，或人为地由某些特定任务确定并推出流行色，从而获取品牌影响力。美国色彩调查机构根据社会、经济、政治上的影响研究色彩，预测未来色彩是结合新技术产生新的色彩维度和深度的感觉，比如金属色、珠光色甚至是有仿鹿皮织物的色彩。美国室内设计师协会权威也指出："海蓝色、猎人绿或者森林绿、勃朗第红葡萄酒色、赤土色、黑色和白色这些经典的色彩将会永远流行。"

回顾各种专业渠道选出的流行色预测，重要的是记住在任何特定时代，没有绝对的色彩规律可以遵照。了解色彩的流行趋势是好的，但是个人偏爱的舒适和满意的色彩，才是最终最有价值的选择。

第三节　织物的选择与布置

一、织物的种类

（一）纤维

生棉花、丝绸和涤纶等纤维是布料的最基本成分。每一种纤维都有自身的优点和缺点，没有满足全部设计要求的完美纤维。制造商往往通过弯曲纤维，将那些质量最好的纤维织成高档的布料。布料的性能和外观受纤维加捻方式和数量的影响。高度加捻的产品强度和耐久性较高，但光泽较差；而稍稍加捻的长纤丝通常有很好的光泽，但稳定性较差。所以，在编织前通常的做法是将两条或更多的纱线捻成股，不仅增加强度，而且形成表面肌理效果。

1. 天然纤维

来源于自然的纤维通常分为四类：蛋白质纤维、纤维素纤维、金属纤维和矿物纤维。

羊毛和丝绸是最重要的蛋白质或动物纤维。羊毛指的是绵羊、安哥拉山羊(称为马海毛)、骆驼和其他动物的毛。从公元前7世纪或前8世纪开始,人们就已经开始使用羊毛。在早期的埃及、希腊、亚洲和中东地区,羊毛用来加工成衣服和一些家庭物品。羊毛的主要优点是具有弹性、阻燃、耐磨,有良好的绝缘性,它能织成各种不同质地的织物;羊毛能染成从最浅到最深的各种颜色,还便于清洗、防尘,而且能吸收自身重量20%的水分而不感觉潮湿。羊毛的缺点则是随着时间的推移颜色会变黄(特别是暴露在阳光下)、会缩水、易虫蛀。此外,羊毛很贵,而且需要专业的清洗,也可能会造成人们的过敏。所以,羊毛主要用于住宅和商业用途的室内装饰品、地毯、窗帘和墙纸。

丝绸是一种古老的纤维,传说早在公元前2540年中国已发现有丝绸。丝绸的优点是漂亮,长长的纤维柔软又奢华,其强度只有尼龙可比拟;而且易染色,不易褪色,垂感很好。当然,丝绸也有缺点,主要是紫外线会折断丝绸的纤维,因此使用丝绸时要避免阳光直射。丝绸的另一个缺点是会因弄脏、虫蛀和受潮而受到损坏。丝绸和羊毛一样,价格也很昂贵。天然的丝绸和未加工处理的丝绸短而粗糙,没有光泽,所以这两种丝绸往往加工成织物、家具装饰(当有财力支持时)、墙纸、装饰物和布艺。

纤维素纤维(或植物纤维)包括植物中的茎、叶和种子毛,两种最普遍的纤维素纤维是棉和麻。

棉在罗马时期就被使用,它在天然纤维中种类最丰富。棉的优点是染色方便,不易褪色,易清洗,可以编织成薄的或重的布料。由于棉具有弹性,它可用于家具装饰、地毯和窗帘。棉的缺点是不如其他纤维耐用,且会缩水、发霉、褪色。棉的成本取决于纤维、编织方式和表面处理的质量。

麻由亚麻纤维加工而成,是所有纤维中历史最悠久的。早在公元前4000年,埃及已出现了麻。麻的优点是结实、柔韧、有光泽,耐洗,易染色,不易褪色,吸声性好。而缺点是容易缩水、褪色、质地硬、难清洗,所以麻织品普遍需要经过化学处理,效果会好些。麻主要用于家具装饰、织物、桌布和沙发套。

矿物纤维和金属纤维是从自然中存在的物质包括金属中提炼的。金属纤维包括金线、银线或铜线，它们主要用于对装饰性织物的强调。金属纤维光泽好、不变色，且耐洗。

2. 人造纤维

人造纤维从合成化工品或经化学处理的天然产物中提炼出来，它们与天然纤维相比，质量有所提高，更加耐用和易清理，而且耐脏、防霉和防虫。尽管人造纤维价格相差很大，但与天然纤维相比它们更加便宜。人造纤维由原始材料液化或黏液化，然后经过称为喷丝头、类似莲蓬头的小孔而形成。改变小孔的尺寸和形状则会改变纤维的特性。微纤维是一种比包括丝绸在内的所有天然纤维都细小的人造纤维。微纤维由于能制成重量轻、抗皱、抗起球的豪华幕帘而被人们所使用。人造纤维分为两类：再生纤维素纤维和合成纤维。

再生纤维素纤维是通过改变纤维素（植物和木纤维）的物理和化学特性加工而成的，如人造纤维、醋酸纤维和三醋酸纤维。合成纤维则是由化学制品和碳化合物加工形成的，如尼龙、亚克力、聚烃烯纤维、聚酯纤维、石蜡和玻璃。

（二）布料

织物艺术的历史几乎和人类的历史一样久远。虽然织布机最早的起源不太确切，但有资料显示公元前5000年在美索不达米亚人们已经开始使用织布机。现代制造业给纺织工业带来巨大的改变，但织法结构仍与早期文艺复兴时期使用的结构是一样的，这些简单的织法仍然是工业生产中的标准。但起源于亚洲的锦缎和织锦有更加复杂的织法，需要通过特殊的提花织布机来生产。

1. 机织织物

（1）平纹织法：平纹织法指的是单层或双层，规则或不规则的纱线通过经线（垂直的或纵向的）和纬线（水平的或交叉的）的简单交织。在平纹织法中,一条纬线从上面穿过一条经线,然后再从下面穿过另一条经线。当经线和纬线所用的纱线重量和质感不一样时,这种织法称为不规则型或不平衡型。在篮子织法中两条纬线和两条经线相互交叉,这种织法也可因纱线的重量和质感的不同而呈现不规则的形态。

(2)斜纹织法:斜纹织法是两条或更多的线从上面或从下面穿过另一组线,以规则的间隔跳线,形成斜纹效果。斜纹织法可以是规则的或不规则的,不规则的斜纹用于装饰性的布料,如牛仔布、斜纹呢和人字呢。

(3)缎纹织法:缎纹织法将一条经线"浮"在四条或更多的纬线上。这种经线和纬线的结合加工出的布料光泽好、柔软和悬垂性好,特别是当使用光滑的纤维,如绸缎和锦缎时,效果更明显。

(4)提花织法:提花织法需要借助复杂的穿孔程序,告诉机器哪些线要上升,哪些线要下降。有一些最常用的布料,如花缎、织锦和锦缎,就是在织布机上纺出来的。

(5)起绒织法:起绒织法是在经线纬线之外增加第三种纱线,它们突出于布料表面打圈或成簇,圈可剪、不剪或两者混合。起绒织法用于大量的织物。地毯工业的基本织法是经线突出表面起绒。大多数的布料是起绒织法加工而成的,包括毛巾、灯芯绒和起绒粗呢。天鹅绒最初是以这种方式进行纺织,但现在通常是用双层布分割来起绒的。

(6)双层织法:双层织法是将两层布织在一起,通常在中间加棉。提花织布机可用来编织这种布料用于商业场所。

(7)纱罗织法:纱罗织法是一种宽松的、花边状的、由经线相互扭织的织法。纱帘、半纱帘和薄窗帘(粗织纱)都是纱罗织法。

2. 非机织织物

(1)针织织物:针织是用毛线针将一系列的纱圈相互穿套形成织物的过程。通过不同的针法运用,形成图案。针织布料,无论手工编织还是机器加工的,种类很多,从宽松、开放式结构到紧密精细的网状结构都有。精美的针织布料因为良好的抗皱性、紧密适宜和便于保养的特性，用于很多家庭陈设。针织布料的易伸展性可通过新的加工方法加以改善。

（2）缠绕织物：纱线的缠绕、穿套和结绳织成各种各样的网状结构，如网眼织物、蕾丝和流苏。缠绕织物非常复杂。

（3）网状织物：网状织物是通过加湿、加热和加压，产生具有不磨损、吸声、隔热和防冻性能良好的压缩单片，最终形成大量纤维结网而成形。

（4）黏合织物：黏合的布料是通过化学方法或加热的方法将两种布料黏合（或结合或叠层）产生的。将一层布料黏在另一层布料底部，使得表层布料性能稳定。但是如果不加以保养，清洗时会导致两层布料分离。黏合布料用于家具装饰的衬布来增加稳定性。

（三）编织

现代软装饰艺术即是材料的艺术，艺术家从自然与生活材料中汲取灵感，在发现材料美与表现材料美的过程中选择各种不同的制作手段进行平面或立体形象的塑造。从视觉和触觉的角度来看，软质材料的技术表现功能可以创造出与绘画、雕塑效果完全不同的造型、色彩及质地。如何选择材料，用什么样的工艺手段来表达作者的思想、愿望、追求，这需要我们对软质材料的性能及工艺特点有充分的认识和掌握。就如同画家、雕塑家必须熟悉颜料、纸、布以及土、木、石、金属等材质性能，并熟练地运用画笔、雕刀等工具塑造形象一样，其重要性不言而喻。绘画说空间，雕塑讲量感，软装饰艺术则注重材质肌理与工艺细节的综合表现，应该说软装饰艺术的表现更具多样性，装饰效果更突出。

软质材料范畴是十分宽泛的。只要我们善于去寻找、发现，可用的各种不同质地的软质材料无处不在，甚至唾手可得。除传统壁毯常用的丝、毛等动物纤维材料外，还有棉、麻、棕、竹、藤、柳、草、纸、皮革及大量的化学合成材料、金属材料等。如此之多的软质材料,如果我们不是有意识地去挖掘,它们就会淹没在众多材料之中以至被视而不见。一旦我们找到并认真地观察它们,就会发现这些材料都富有各种有趣的特质：粗糙与柔细、坚硬与松软、黯淡与艳丽、吸光与反光等,都呈现着材料本身各具特色的物质特征。美术教育家陶如让先生曾感言："触摸着充满纤维材料的作品,能够让你感受到大地与物质的存在。"

具有各种迥异性能的软质材料,对视觉和情感都产生着直接的影响。如棉麻与蚕丝相比,前者质地粗糙具有厚重感,后者质地细润具有轻柔感；羊毛与金属相比,前者质地轻软具有温暖感,后者质地光滑具有冰冷感。有了对材料物质的感知性认识,才能使创作步入"因材施艺"或者"因艺施材"的自由天地。成功艺术家的经验告诉我们：一个善于创作的人,必须能够巧妙地将材料特性注入创作过程中去。

（四）刺绣

刺绣是针线在织物上绣制的各种装饰图案的总称,古代称之为针绣,是用针将丝线或其他纤维、纱线以一定图案和色彩在绣料上穿刺,以缝迹构成花纹的装饰织物。它是用针和线把已设计和制作的作品添加在任何存在的织物上的一种艺术。因刺绣多为妇女所作,故属于"女红"的一个重要部分。

二、室内织物的选择

尽管材料的随意组合可能会产生非常有意思和吸引人的效果,但对经验不足的设计师来说,进行材料图案、质感和色彩选择时遵循一些常用的原则,对把握最终设计效果会很有帮助。

任何织物组合的选择必须与房间预期的感觉和主题吻合。例如,一间住宅兼工作室的现代房间宜选用清新、明亮的布料,间或用皮革进行点缀；编织的带刺绣的室内装饰布料显然不合适。一些设计师根据布料或小地毯的图案,使用一种称为色彩来源的方法对织物进行协调。这种方法相当安全,因为方案中基本的颜色已经很协调了。但是如果设计师不经过仔细地考虑,室内效果就会缺少变化且乏味。选用的织物方案与室内风格应匹配。例如,在维多利亚风格的房间中锦缎、天鹅绒和重质的窗帘往往会用深紫、淡紫、绿色和红色。确保织物的颜色和选用的布料要和谐,要比较室内自然采光和人工采光中织物的使用效果。通常,墨守成规的颜色和布料的组合尽管相互非常匹配,却显得单调和缺乏创意。进行布料的组合能训练设计师的眼力,有助于培养他们的直觉,能把握哪些布料可互补运用,哪些布料不适合同时使用。一些制造商生产出墙纸和布料的“搭配和匹配方案”,有眼力的设计师通常会选择可替换的织物和布料来实现这些预先设定的方案。

(一)图案

图案意味着具有设计比例合适,色彩色调对比恰当、区分醒目的主题。对图案的熟练使用能掩盖缺陷,产生美观的效果。不存在绝对的以颜色“行”或“不行”来评价图案使用的好坏。但是仍有一些普遍的准则,会对设计有所帮助。

一个房间的所有图案应该相互关联。图案的色彩、质感和主题等元素相互影响,保持设计的一致。房间的主要图案不必重复,只要将图案中的一种或多种颜色在其他地方继续重复使用即可。图案可在家具陈设、窗户和墙上重复,这取决于设计师希望达到的整体空间效果。怪异的家具可以通过遮盖一层相同的布使之统一,布的重复使用给房间带来整体效果。在同一种设计中只使用一种大胆图案,例如一种花的图案,这通常更有效果。一旦确定空间的主题,设计师可以趣味性地补充一些柔和图案、条纹和格子纹的织物,同时增加一些素色的织物。设计师对有图案的布料进行搭配时,要考虑图案的比例和尺度。例如,比例很大的花卉图案与小比例的格子布、条纹布或者两者相拼的图案搭配使用,会非常恰当。不显眼的花卉图案搭配大胆的图案也会很协调。

设计师通过练习、实践和基于基本准则的考虑，可以很和谐地搭配图案。在设计杂志、设计事务所、展厅和家居展示中，设计师多观察经验丰富的职业设计师做的图案搭配，对自身能起到帮助作用。

（二）质感

设计师在具体工程项目中进行搭配织物时，织物表面的质感也是一个重要的考虑因素。了解哪些因素使布料看起来正式或非正式，这一点对成功搭配织物很有帮助。

正式布料主要是那些质感光滑、明亮，有着优雅风格和几何图案的布料，如天鹅绒、锦缎、织锦、凸花厚缎、缎子和塔夫绸，由于色彩和图案范围广泛，它们通常创造性地被运用在传统和现代室内。

非正式布料通常是那些质感较粗糙、表面不光滑的布料，例如粗麻布、帆布、席纹呢、粗花呢和毛呢。手工编织的布料是一种非正式布料。如果非正式布料印上图案，其设计会大胆、自然、抽象或具有几何感。

有些布料可以同时在正式和非正式的场所使用。例如，棉和麻质感强、色彩和图案独特，适合正式场所或住宅等非正式场所使用。皮革也可同时运用在正式和非正式场所。当设计师设计一个房间时，织物的恰当搭配对增加空间趣味很重要。例如，一些粗糙的布料，与厚的起绒搭配效果良好；而仅仅用印花棉来装饰室内陈设，缺乏空间的层次感。

当设计师进行织物搭配时，应该考虑每一种布料的独特肌理或手感（粗糙、光滑、硬、软、有光泽、暗淡）。织物与房间风格、基调应该协调一致。例如，非正式的僧侣布不适合用在光滑、光泽感好的锦缎和缎子装饰的精美的 18 世纪英国住宅内，而在乡村风格的藤椅上使用则很恰当。

此外织物应与它预期的用途相匹配。例如，起居室中一把舒适的椅子更适合用光滑柔软的皮革而不是硬的粗麻布。

（三）色彩

色彩包含三部分内容：色调、明度和纯度。色调分为暖色调和冷色调，设计师可选择这些色调中的一种作为设计的主色调。合适的色调能满足居住者的需求和喜好。选择主色调时要考虑诸如气候、空间位置与阳光的关系、业主的生活方式等要点。

布料的明度分为高等、中等和低等，大多数的布料搭配包含这三种明度的布料。如果房间的主要布料是高明度的色彩，则小面积的陈设或设备应选用中等或低明度的色彩。一些设计师在房间的下半部分用低明度的色彩，中间部分使用中等明度的色彩，上半部分使用高明度的色彩。当然，这种方法会产生一种颠倒的非常规效果。而如果在空间内仅仅采用低明度和高明度的色彩，则会产生戏剧性效果；在空间中仅仅采用黑白色同样会有戏剧性效果。

布料的纯度分为柔和的和鲜艳的。在色彩方案中将各种纯度等级的色彩搭配运用，通常效果良好。例如，房间主要布料采用低纯度的色彩，在一些焦点处采用高纯度的色彩，视觉效果则会很有趣味。房间内仅采用低纯度的色彩，则会沉闷单调而如果全部采用高纯度的色彩会令人疲劳甚至不安。

三、室内织物的运用

新布料层出不穷，室内设计师有广泛的选择织物的余地。市场上有丰富的布料，可以满足每一种品味和每一个价格范围内的装饰要求。增加改良纤维的吸引力似乎能产生大量的设计，从来自世界各地的民间图案到传统的和现代的设计，丰富多彩。以下讨论布料的主要装饰用途。

（一）窗帘

（1）打褶窗帘：打褶的布料应该从轻质到中等重量都有，如丝绸、古代缎子、印花棉和锦缎。布料的悬垂性较好，洗涤时不缩水，能满足房间的装饰需求。

（2）透明薄纱或半透明薄纱：薄纱能过滤光线，柔和房间，提供白天的私密性。选用的布料应该耐晒但仍能让一些光线进入室内，洗涤性能良好且不缩水。细薄织物、巴里纱、尼龙绸和雪纺绸是四种常用的布料。

（3）薄窗帘：薄窗帘通常使用比透明薄纱粗质的布，图案非常丰富。布料应该有悬垂性，防晒、洗涤性好且不缩水。纱罗织法特别有助于减少布料的变形，常用于商业环境。

（4）百叶帘：百叶帘特别有助于防止阳光对布料的损坏，且能形成统一的室外效果。腈纶和聚烃烯纤维防晒性能特别好。

（5）挂帘：重量轻、装饰性强的挂帘通常选用棉和棉涤制作。厨房和餐厅的挂帘由易洗的布料加工而成。挂帘是相对便宜的窗帘，比打褶窗帘使用的时间更短一些。

（二）家具装饰

家具装饰是在家具表面长时间地覆盖一层布料、动物皮毛或其他材料，增加美观性和舒适性，隐藏或强调家具设计，增加或赋予房间主题和格调。

1. 家具装饰布料

用于家具装饰的布料应编织紧密、耐用、舒适和便于清洗。常用的有重量的布料，如马特拉塞凸纹布、粗花呢、织锦、天鹅绒、毛呢和起绒粗呢；中等重量的布料，如锦缎、凸花厚缎和帆布；轻质的布料，如印花棉布、亚麻布、手织物和波纹绸。

当选用软体家具时，布料是考虑的首要因素，因为它是个性和品位的体现。

2. 家具装饰皮革

皮革(鞣制的动物皮)因其艺术性和实用性,很久以来一直为人们所使用(特别是牛皮和猪皮)。皮革的优点是具有柔韧性和耐用性,可以将之染色或保留原色,也可压花或做成绒面革。真皮很昂贵,可用人造皮(乙烯树脂)来替代,但使用时需要小心挑选以保证恰当的雅致品质。皮革的缺点是易脏、易开裂和易撕裂。皮革可用于墙纸和地砖。

(三)沙发套

沙发套可遮掩破旧的软包家具、保护昂贵的布料、提亮或改变房间的气氛。通常,沙发套仅用于住宅内。

沙发套由轻质到中等重量且编织紧密的布料加工而成。一些制造商提供用薄棉布或其他平纹织物制作的,用户可根据季节调换沙发套的软体家具。帆布、条纹棉麻布、印花棉、缎纹卡其、灯芯绒都是做沙发套的很好选择。

(四)墙布

布料可贴在墙上来增加墙体的美观或者解决墙面的装饰性问题。用于墙体的布料应编织紧密,结构结实。帆布、粗麻布、波纹绸、条纹棉麻布、厚纺棉布或麻布、棉绒、锦缎常用于墙纸。在商业环境中,墙纸必须遵守可燃性法规。

(五)焦点装饰

织物可以作为房间中的焦点。设计师常用装饰花边、流苏和辫饰带来增加室内的个性和特点。金银线花边(装饰花边、细绳和流苏)最初是用来隐藏接缝和钉子,而今其功能已退化,纯粹用于装饰。金银线花边最早在法老的墓中和国王的服饰上发现,而在法国路易四世统治时期它的经典特征才逐渐成形。人们组织成立专门的手工业行会来加工金银线花边。工业革命时期的大机器发展让维多利亚时期室内的每个角落都充斥着金银线花边。如今，传统的室内运用一些装饰花边，甚至现代的室内空间也会使用起焦点作用的绲边，偶尔也会用到流苏。

第四节 绿植的放置与设计

一、绿植的种类

（一）观赏植物

仙客来叶子心形、厚实、有白色的纹理，花瓣由后向上反卷，像兔子耳朵一样，花色有紫色、白色、红色、粉色等。花期从晚秋到初春，有花香。放在室内半阴凉爽的地方，或玄关、客厅都很不错（图 5-38）。

图 5-38 仙客来

大花惠兰一株有 3 ~ 4 个花茎，一个花茎上可开 7 ~ 15 朵花，量多花大，颜色有白、粉红色、红色、绿色等，花期长达一两百天，多做切花材料。耐寒喜光，养在窗边光线充足处即可，是兰花中最容易生存的（图 5-39）。

图 5-39　大花惠兰

君子兰四季常青，叶呈宽带状，花茎高 25 ~ 50cm，顶端花多而密集，冬春季开花。花大叶美，果期长，是宴会、客厅、门厅和居室陈设的名贵花卉之一。喜温暖湿润、半阴通风环境（图 5-40）。

图 5-40　君子兰

朱砂根是常绿灌木，高至 1m。9 月果实成熟变红，一直挂至来年花开，十分惹人喜爱。在腐殖质丰富、保水力强的土壤和稍阴处生长旺盛（图 5-41）。

蝴蝶兰的花像蝴蝶一样，因此得名，花期 1 ~ 3 个月。喜高温湿润，冬天要注意防寒。喜散射光，放在薄纱帘下的窗边最合适不过了（图 5-42）。

图 5-41　朱砂根

图 5-42　蝴蝶兰

风信子铃铛状的小花开满花茎，花色有蓝、紫、红、粉、黄、白等，芳香，花期春季。喜凉爽光照充足的环境。可在玻璃容器中水培鳞茎，陈设于书桌、窗台、置物架。

（二）空气净化植物

散尾葵是最有代表性的室内大型观叶植物，可提高室内湿度，有效吸收挥发性有机化合物和祛除香烟烟雾。树形高大，在较宽敞的地方与其他植物组景，观赏效果非常好，也适合放置在客厅等室内光线较充足的地方（图 5-43）。

图 5-43　散尾葵

绿萝有着具心形叶片和匍匐茎，藤蔓可长达 10m，喜阴植物。能吸收室内异味、甲醛、二氧化氮。在玄关或厨房等狭小光照中的空间做垂吊植物，或做水培植物，观赏效果都非常不错（图 5-44）。

图 5-44　绿萝

万年青生长速度快，耐阴植物，应避免光照过强，否则叶片会发黄下垂，影响观赏价值。适合忙碌都市白领和初学者种植，可陈设于室内光线充足或半阴的任何地方（图 5-45）。

吊兰纤长的叶片中间或两边常有白色或浅黄色条纹。吊兰具有祛除室内污染物的功效，生长旺盛，做吊篮或置于花架、隔板上都可欣赏到植株的整体美感，在半阴凉处种植，土培、水培均可（图 5-46）。

图 5–45　万年青

图 5–46　吊兰

白掌在合适的温度下一年四季都会抽出白色的花茎。耐阴性强，很适合室内种植。吸收二氧化碳、丙酮、酒精、三氯乙烯、苯、甲醛的能力超强（图 5–47）。

图 5–47　白掌

红掌的佛焰苞有白色、粉红色、深红色，中间是穗状花序。装饰和净化空气效果都很好，适合种植在刚装修好的房间。应放在光线好但无直射光的位置（图 5-48）。

图 5-48　红掌

二、绿植的放置

（一）客厅

作为会客、家庭团聚的场所，客厅适宜陈列色彩较大方的植株，摆放位置应该在视觉较明显区域，可表现主人的持重与好客，使客人有宾至如归的感觉，这是家庭和睦温馨的一种象征。如果是在夏季，也可以陈列清雅的花艺作品，给人增添无比的凉意（图 5-49）。

图 5-49　客厅中的植株摆放

（二）餐厅

插花以黄色配橘色、红色配白色等有助于促食欲的花色为宜，不宜选太艳丽的花朵。以鲜花为主的插花，可使人进餐时心情愉快，增加食欲（图 5-50）。

图 5-50 餐桌上的植株摆放

（三）书房

插花点到为止最好，不可到处乱用，应该从总体环境气氛考虑才能称得上点睛之笔。插花也不必拘泥于以往的框框，不一定只是桌上、台上才能摆花，墙面、屋角等都可利用。但不可过于热闹抢眼，否则会分散注意力，打扰读书学习的宁静（图 5-51）。

图 5-51 书房里的植株摆放

(四)卧室

以单一颜色为主较好，花朵杂乱不能给人“静”的感觉，具体需视居住者不同情况而定。中老年人的卧室，以色彩淡雅为主，赏心悦目的插花可使中老年人心情愉快；年轻人，尤其是新婚夫妇的卧室不适合色彩艳丽的插花，而淡色的一簇花可象征心无杂念、纯洁永恒的爱情(图 5-52)。

图 5-52　卧室的植株摆放

(五)厨房

“无花不行，花太多更不行”。厨房一般面积较小，且是全家空气最污浊的地方，所以需要选择那些生命力顽强、体积小，并且可以净化空气的植物，如吊兰、绿萝、芦荟。摆设布置宜简不宜繁，值得注意的是，厨房不宜选用花粉太多的花，以免开花时花粉散入食物中(图 5-53)。

(六)卫生间

浴室内湿度高，放置真花真草的盆栽十分适合，湿气能滋润植物，使之生长茂盛，增添生气(图 5-54)。

图 5-53　厨房里的植株摆放

图 5-54　浴室里的植株摆放

三、绿植的配置设计

在室内设计中，对于室内绿化的应用与布置往往会根据不同的场所和地域而有所变化。如在酒店宾馆的门厅、大堂、会议室、休息室、餐厅及住户的居室等不同类型的空间场所中，对室内绿化的配置均有不同的要求，也需要有不同的布置方式，主要有：①处于重要地位的中心位置，如大厅中央；②处于较为主要的关键部位，如出入口处；③处于一般的边角地带，如墙边角隅。总体而言，我们在设计时应根据不同部位，选好相应的植物品种，从平面和垂直两方面来考虑它们的布置，以充分展现植物的风姿和发挥它们的作用。

（一）重点装饰与边角点缀

把室内绿化作为主要陈设并使之成为视觉中心，以其形、色的特有魅力来吸引人们，是许多厅室常采用的一种布置方式。它可以布置在厅室的中央；也可以布置在室内主立面，如某些会场中、主席台的前后以及圆桌会议的中心、客厅中心；或设在走道尽端中央等，成为视觉焦点。边角点缀的布置方式更为多样，如布置在客厅中沙发的转角处，靠近角隅的餐桌旁，楼梯背部，布置在楼梯或大门出入口一侧或两侧、走道边、柱角边等部位。这种方式是介于重点布置和边角布置之间的一种形态，其重要性次于重点装饰而高于边角布置（图 5-55）。

图 5-55　绿化边角点缀

（二）垂直绿化

垂直绿化通常采用天棚上悬吊方式，在墙面支架或凸出花台放置绿化，或利用靠室内顶部设置吊柜、搁板布置绿化，也可利用每层回廊栏板布置绿化等。这样可以充分利用空间，不占地面，并造成绿色立体环境，增加绿化的体量和氛围，并通过成片垂下的枝叶组成似隔非隔、虚无缥缈的美妙情景。

（三）沿窗布置绿化

靠窗布置绿化，能使植物接受更多的日照，并形成室内绿色景观。可以做成花槽或低台上置小型盆栽等方式。

第六章　不同类型的室内空间与环境设计实践

不同类型的室内空间有着不同的空间设计规划。居住空间、办公空间以及公共建筑空间是人们生产生活最主要的三种空间，它们有着不同的功能与作用，因此，它们的室内空间设计也有着巨大的差别。本章即对这三种不同空间的室内设计进行分析与解读。

第一节　居住空间与环境设计实践

一、人对居住空间的需求

居住空间是为居住在一起的、以家庭为单位的人群提供居住生活功能的建筑内部空间。居住空间品质对于每个家庭来说都是非常重要的。

家居空间环境是构成“家”的物质要素的一部分，人们对它的基本需求总是恒定的。但人们在社会环境中的地位、经济收入、文化教育程度等都会影响其对居住空间品质的追求而造成高层次需求的差异性。因此，居住空间的室内设计对于不同的住户来说，既有共性特征，又有个性需求。根据著名心理学家马斯洛的需求层次理论，我们可以把人对居住空间的需求按以下五个层次来划分（图 6-1）。

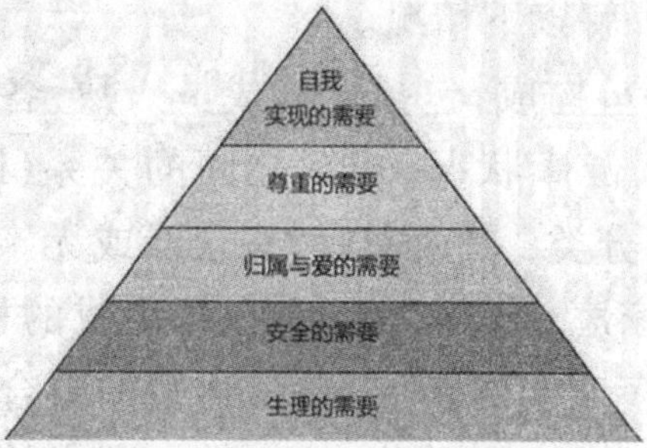

图 6-1 马斯洛需求层次理论

这五个层次主要包括基本生理需求、安全需求、社交需求、尊重需求以及自我实现需求。其中自我实现需求是人类高级阶段的需求，只有当前面几个层次的需求得到满足以后，人们才会对此提出实现的愿望。在家中，表现为利用业余时间培养兴趣爱好，或是为了进一步提高和发挥自身的潜能而学习充电或加班工作。对于前者，设计师应根据家庭成员的兴趣爱好来规划绘画、习乐空间，抑或能满足多种功能需要的家庭活动室；对于后者，专用的书房或工作室就是必不可少的，如图 6-2 所示，现代居室空间中设置一间比较独立的书房用于看书、学习、上网、家庭办公，既可以培养兴趣爱好，又有利于增加自身的竞争力。

图 6-2 书房

二、居住空间室内设计的准备工作

设计师在进行室内设计之前应该和业主进行面对面的沟通

和交流，并需要了解以下情况。

一是家庭人口构成，包括家庭成员人数，各人的年龄、性别、身材、行为方式、健康状况，相互之间的关系（即家庭结构）等。家庭结构有如下分类：单人家庭，有亲缘或无亲缘关系的多人家庭，无子女夫妇家庭，丈夫、妻子和孩子组成的核心家庭，单亲家庭，三代同堂或多亲戚的扩展家庭，再婚的聚合家庭，空巢家庭，同居老年人家庭，非家庭单位，访客等。家庭结构也不是一成不变的，随着家庭成员年龄的增长和婚姻状态的改变，单人家庭可能变成无子女夫妇家庭，继而可能进一步转变成核心家庭。

二是家庭文化背景，涉及民族、宗教信仰、受教育水平、职业特点、审美倾向、兴趣爱好、生活习惯等。同样是前文提到的三房两厅，若换成喜欢在家里搞聚会、打牌唱歌的年轻夫妻，有可能把一间卧室改成娱乐视听室。对于SOHO一族，往往需要比较宽松的家庭办公空间，就可能把较大的起居室或阁楼作为办公之用。

三是家庭经济水平与居住消费投资分配比例。设计师的创意最终必须通过装饰材料、设备、施工工艺的物质技术手段来达到，因此设计离不开经济，用户的心理预算价位将在很大程度上决定设计的档次和整体效果。

综合分析这些因素，有助于设计师把握方向，进行合理的设计定位。

三、居住设计方案

（一）玄关

“玄关”一词源于日本，专指住宅户内与外部空间之间的过渡空间，是进入室内换鞋、脱衣或离家外出活动时整装整貌的缓冲空间。在住宅中，玄关虽然面积不大，但使用频率较高，是进出住宅的必经之处，在一定程度上反映出主人的文化气质。无论是主人回家还是客人到访，恰到好处的玄关设计能给人亲切、温馨的感受和家的氛围。有人这样形容："如果说家是一首诗，那么玄关就是诗的引子，带出整个家的基调，一个漂亮而耐人寻味的引子，体现出主人的品位和情趣。"

对于玄关的设计，一般首先应考虑空间的隔与透。如果建筑的房型上已设置了相对独立的玄关空间，那它与客厅空间的衔接就比较好处理；如果原房型并无专用的入口过渡空间而直接进入客厅，那么玄关的设置宜保持原大空间的完整性，多以低矮的、具有存鞋功能的家具来适当地限定一下空间，也可结合透光材料或采用留有空隙的结构形式，与储物家具一同构成玄关的限定。同时，玄关储物家具的厚薄、高矮、造型和使用的材料应该满足使用的功能要求，和居室的整体风格应统一。而该处顶面、地面、墙面的设计也应满足实用、易于清洁的要求，在构图上突出一个视觉焦点。光环境的设计应给人明亮而温馨的感觉，对于视觉焦点需要进行重点照明。

图 6-3 为玄关设计，位于进门处的玄关是个相对独立的空间，旁边设置的沙发椅可供换鞋时坐。

图 6-3 玄关

（二）客厅

客厅是家庭内部面积最大的公共活动空间，是家庭的活动中心。

客厅空间与其他功能空间（例如餐厅、走道等）的关系往往有这几种：独立的客厅、客厅朝南而餐厅朝北的直通形空间、客厅与餐厅呈L形、客厅通过走道与其他空间相连。对于独立的客厅来说，其面积一般较大，也比较正气，有明确的出入口，不易与户内其他动线互相影响。设计时宜突出其豪华大方、具有内在秩序的特点，往往可采用对称式构图和传统风格。对于直通形的客厅，它和餐厅在空间上基本融为一体。如果需要在空间上适当进行一些划分的话，可以采用吊顶造型法、地面材料差异法、竖向限定或隔断添置法。而L形布局，客厅与餐厅在平面上是错位的，只需因势利导稍加设计，就很容易获得既有流动感，又有所分隔的空间效果。如果客厅通过走道与其他空间相连，那么设计师可以通过设置屏风、木格、柱子、家具等来明确客厅空间，减少其他动线对客厅的干扰。

客厅的界面设计是体现风格、营造整体氛围的主要方法。由于人在客厅中以坐姿为主，视线较多地落在墙面和地面上，而地面的设计一般通过材质来表现，因此墙面的造型、用材用色，以及灯光效果就成为设计的重点，顶面造型宜简洁，主要为光环境设计和设置空调风口创造条件。客厅中的墙面又以沙发背后、靠近人体的墙面和视线正对的墙面为主。设计应从整体出发，通过线形、图案、构图、色彩、材质来体现风格，并考虑这两个墙面与家具、视听设备（如果业主提出要摆放的话）之间的关系。

要赋予客厅一定功能，就离不开家具。客厅的主要家具是沙发、茶几、视听柜等。它们的摆放位置将决定空间的使用方式。在方案阶段，设计师应根据整体风格给业主提供家具式样搭配的效果参考，以及家具的平面布置图纸。

图6-4这个客厅拥有良好的日照和视野景观，落地玻璃窗使空间显得开敞，布艺沙发成组布置形成团聚氛围。图6-5的客厅空间不是很大，采用对称式构图，以壁炉为中心面对面地布置布艺沙发，具有强烈的向心感，风格与白色线框墙面协调。

图 6-4　客厅

图 6-5　客厅

（三）厨房和餐厅

厨房（图 6-6）和餐厅（图 6-7）有着紧密的联系，一个是准备食物的场所，另一个是享用食物的空间。对于以中国传统烹饪方式为主的家庭，厨房宜为封闭式的，可以阻绝油烟流窜到其他居室空间而影响空气质量。而习惯西式料理方式或不起油锅的清淡烹饪方式的家庭，把厨房设计成开敞式的，和餐厅连成一体，能使之变成全家人共享的愉悦空间。

在我国，客厅一直是家庭生活的中心区域，但随着居住条件的改善、居住面积的增加，以及家务工作被家庭成员共同参与，厨房与餐厅构成的区域有可能会代替客厅而成为家庭生活的中心区域。在国外，这一区域已经发展为融入家庭活动室在内的多功能空间，而不仅是解决吃喝问题的场所。

图 6–6　厨房

图 6–7　餐厅

如果我们把厨房和餐厅作为一个区域来统一设计的话，可以从以下几方面来考虑。

一是厨房家具一体化设计，把厨房设备和设施整合在一起。操作台长度和厨房设备足够准备休闲零食、便餐、家庭正餐，以及家庭宴席。厨房家具的尺度应适合主要使用者的人体和活动域尺度。

二是水槽、冰箱、灶台的位置应合理，既要彼此分开，又不能相距太远，三点所形成的三角形的周长应不大于 6.7m，也不应小于 3.7m，而水槽宜靠近外窗设置，利用天然采光有利于节能。

三是厨房设备的位置应合理。考虑到便于洗涤，宜把洗碗机、洗衣机靠近水槽布置；冰箱宜远离灶台，避免高温影响其制冷效果。

四是根据就餐区域的空间比例和进餐方式选用合适的餐桌椅。接近方形平面的空间，适宜摆放圆桌或方桌；长宽相差较明显的矩形空间，如果家庭成员人数不超过 4 人，或采用西餐的进餐方式的家庭，可选择长方形餐桌。

整体风格设计服从于全局，用材应考虑到防水、防滑、耐污、耐腐蚀、易清洁的要求；光环境的塑造突出就餐空间的团聚气氛，祥和而融洽，或浪漫而温馨，要求选用高显色指数的光源来使食物色泽诱人，增加食欲。对于厨房操作台的工作面应给以较高的照度，多采用在吊橱底部安装重点照明灯具的方法。

（四）卧室

卧室区域（图 6-8）是主人休息睡眠的地方，人们白天往往要在工作岗位上奔波忙碌，承受各种压力，那么卧室便是供他们回家放松身心、在体力和精神上得到恢复的舒适的私人空间。主卧区域在功能上应满足主人休息、睡眠、更衣、妆容、洗浴、如厕等需要，所以目前比较合理的主卧区域一般都包括主卧室、走入式更衣间、主卫三个部分，如果面积允许的话，还可以考虑安排一个主人书房套在其中。

图 6-8　卧室

整个主卧区域属于静态的、私密的空间，要求具有安静、舒适、温馨的睡眠氛围。设计整体色调宜为暖色，明度和饱和度不宜太高。空间造型不宜烦琐，简洁的为好，但界面的材质宜选用有一定吸声降噪作用、触感相对较为柔和的。例如墙面选用自然纤维墙纸，或者在床头后面的主墙面上装饰以软木片或织物软包；地面满铺地毯，或者在木地板靠床的位置局部铺设一块艺术地毯；厚重的窗帘也是不错的选择。

室内温湿度应宜人，对于冬季寒冷的地区，宜采用地暖系统。光环境体现温馨安逸，整体照明不宜太亮，而在床头的阅读区、设置座椅的休息区或工作区，以及梳妆台、卫生间里可适当设置一定照度的灯具。

家具的设计和配置应和整体风格相协调。床提供睡眠功能，尺度应舒适，床头造型和床垫要符合人体工程学。床头柜可以用来摆放阅读照明灯具、书和其他小物件。如果卧室面积比较宽松，不妨在靠近有良好日照和景观的外窗旁放一对扶手椅或一把躺椅，供主人休息、聊天和阅读。如果有专用的走入式更衣室，那么卧室里就不需要再另外设置衣柜了。不论是更衣室的橱柜，还是卧室里另外配置的衣橱，其内部空间划分尤为重要，应充分考虑长大衣、连衣裙、长裤有足够的吊挂空间，而毛衣、内衣裤、鞋帽配饰等也应有合适的收纳空间和方式。如果主人经常出差或热衷于旅游，那就得考虑有旅行箱包的存放空间。此外，还应留合适的空间来收纳床上用品。

（五）卫生间

卫生间（图 6-9）的功能不外乎洗涤、如厕、洗浴、梳妆等。位于主卧区域内的是主卫，而供其他家庭成员和宾客使用的是次卫（或称客卫）。从装修标准来看，一般情况下，主卫要比次卫豪华，洁具设备的功能更齐全，选用的界面材料更高档。

各个功能空间的设计有着各自不同的特点和要求，设计师在方案设计时应予以足够的考虑。但同时还应注意，这些功能空间是位于一所或一套住宅空间中的，应体现统一的风格特征，具有整体性。因此，设计手法、主色调、主要材质宜统一。

图 6-9　卫生间

四、饰物的选配

（一）活动家具

活动家具按材质分有木质家具、金属家具、塑料家具、皮革或织物包面的软垫家具、柳条或藤条编织类家具等。

家具也有自身的造型和风格，应根据居室内功能空间的风格来选配，以统一协调为佳。家具的饰面材料宜与所处空间的界面材料有所呼应。家具的尺度也是必须考虑的因素，放在居室空间中应尺度适宜，避免出现大空间配小尺度家具或小空间配大尺度家具的情况，同时也应符合家庭成员的人体尺度。家具的摆放方式和相对位置应满足空间的使用功能，同时考虑放置了家具以后留出来的空间是否方便家人行走和活动。

（二）装饰性灯具

虽然在硬装设计中设计师已经就整体光环境进行了设计，施工时也安装了部分灯具，但有时还需要在选购家具的同时再配一些起装饰作用的灯具，例如玄关鞋柜上的台灯，客厅沙发旁的落地灯或角几灯，客厅、餐厅的装饰吊灯，工作室或书房的书桌上的台灯，卧室的床头灯，卫生间的镜前灯……装饰性灯具的选择不仅应考虑其使用的光源性质、照明方式、照度等技术指标，同样重要的是其造型风格应与整体环境一脉相承，营造的光环境能适合一定的氛围（图 6-10）。

图 6-10　装饰性灯具

（三）装饰织物

居住空间中的装饰织物可以起到柔化空间、营造温馨氛围的作用，主要包含窗帘、床上用品、餐桌布艺、浴室和厨房布艺、家具包覆织物、壁毯、地毯等。

一般有外窗的地方都会安装窗帘，白天用来阻隔外界的视线干扰和过强的自然光线，夜晚避免室内被外人一览无余，增加私密性，同时也有一定的保温隔热作用。它往往占据了较大面积的垂直面。因此，窗帘的造型风格、选用布料的色彩和图案会影响空间视觉效果（图 6-11）。

图 6-11　窗帘

床上用品包括床单、枕套、枕垫、床围、床罩、毛毯、毛巾被、被子及各种罩垫等。这一部分的装饰织物的重要性往往会被业主忽略。市场上可供选择的床上用品种类繁多，可谓应有尽有，一般家庭都会备有多套床上用品，但往往不是专为整体设计的卧室空间所配的，可能是单位发的、朋友送的，或是一时兴起购买的。虽然已备的床上用品花色很别致、质地也很舒适，但不一定能和整体环境相协调。因此，为了整体效果，有时设计师得规劝业主忍痛割爱，重新选配合适的床上用品（图 6-12）。

图 6-12　符合卧室整体风格的床上用品

餐桌布艺包括台布、餐巾、餐位、餐具垫等，在营业性餐饮空间中往往会得到较多的重视，因为能体现企业形象，而在家居空间中往往被省去。因为大多数家庭会认为使用餐桌布艺会增加家务工作量，可能只有在一些追求生活品质、聘用专人负责家庭保洁的家庭才会使用。但餐桌布艺和精美的餐具、桌上鲜花结合起来，确实可以创造优雅亲切的餐桌氛围，增加就餐乐趣，提高生活品位（图 6-13）。

浴室和厨房布艺主要是指擦手巾、面巾、浴巾、浴袍、擦碗巾、擦桌布等，一般选用亚麻、纯棉、绒布等吸水性强，也容易洗涤的面料制成。考虑到与肌肤的接触程度不同，擦手巾、面巾、浴巾、浴袍更多会选用柔软厚实的圈绒或割绒纯棉制品。图案一般不过于强调，以纯色配以凹凸纹理为主（图 6-14）。

图 6-13　餐桌布艺

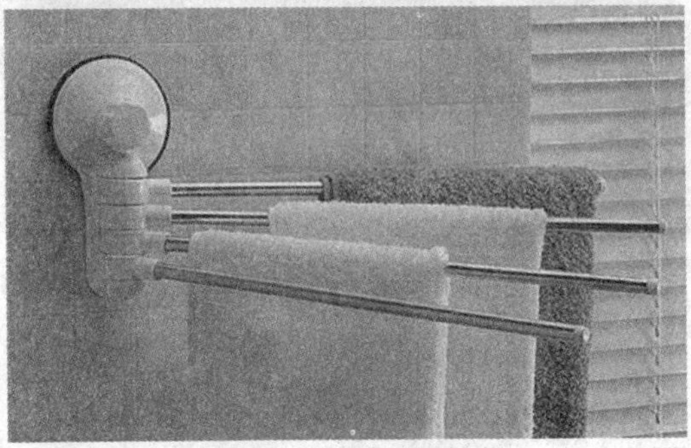

图 6-14　纯棉面巾

家具包覆织物主要用在软垫家具上，也有用于墙面软包的，多选用粗纤维的织物提高耐磨性和耐洗性。其花色宜与窗帘一致或接近。

壁毯（图 6-15）在历史上曾经被用来保持室内温度，而现在更多作为装饰品来使用。壁毯的大小、图案、颜色和质地应与所处的环境相协调。

图 6-15　壁毯

地毯（图 6–16）可以作为整个地面的铺设材料，也可作为局部的点缀或空间的限定来使用。大面积铺设的地毯是地毯纤维编织制成的，有羊毛、尼龙、聚丙烯、聚酯、丙烯酸纤维地毯之分。

图 6–16　地毯

地毯纤维的绒面结构分为圈绒和割绒两类，也会影响到地毯的质感和耐久性。圈绒地毯绒面由保持一定高度的绒圈组成，它具有绒圈整齐均匀、毯面硬度适中而光滑、行走舒适、耐磨性好、容易清扫的特点，适于在步行量较多的地方铺设。割绒地毯的绒面结构呈绒头状，细腻而触感柔软。绒毛短的地毯耐久性好实用性强，但缺乏豪华感，弹性也较差。绒毛长的地毯柔软，弹性与保暖性好，脚感舒适，具有华美的风格，适合用在卧室空间。圈绒和割绒可以同时出现在同一幅地毯上，就是在绒圈高度上进行变化，或将部分绒圈加以割绒，可以显示出图案，花纹含蓄大方，风格优雅。

需要指出的是，这些装饰织物中窗帘、床上用品、家具包覆织物一般宜选择有统一色彩、图案的织物来制作，以获得整体感。

（四）艺术陈设品

当今是崇尚艺术的时代，艺术品交易非常红火，各种类型、各种风格的艺术陈设品我们都可以在专业市场上寻觅到。艺术陈设品对于家居空间来说，往往是以家庭成员的收藏品的形式来体现的，它们被摆放在家里诉说着自己的故事，帮助主人们回想一些珍贵的记忆。这比简单地去市场上购买一些陈设品更有文化意味。

对于收藏品形式的艺术陈设在布置时，也应该遵循适量、平衡、与整体风格协调的原则。适量是指艺术陈设品的数量不宜过多，根据构图和调节空间疏密关系、形成对景或视觉焦点的需要来合理摆放，宜精不宜多。平衡指陈设品的体积、面积和摆放位置应符合美学原则，与空间中或界面上的其他装饰在轻重、疏密关系的处理上形成均衡状态，可以用来弥补不足。与整体风格的协调感来自于陈设品的颜色、内容、格调、装饰细节等与周围环境的对比或统一（图 6–17）。

图 6–17　室内艺术品陈设

（五）绿化的选配

对于居住在钢筋水泥丛林里的城市居民来说，在居住空间内配置一些绿化不仅可以获得自然的气息，满足业主接近自然的愿望，同时也能美化室内环境、改善室内空气品质。

居住空间中的绿化一般安放在以下位置。

（1）阳台上、庭院里。这部分空间的绿化较为集中，多为真花真树。由于有较为宽松的空间和种植条件，因此可以设计成有层次的绿化栽种。当然阳台上以盆栽为宜，树形花形不宜太大；而庭院中的限制就少，栽种方式可以孤植、对植、群植结合，如果条件允许的话，绿化可以和石、水、铺地、小品等共同形成景观。

这样的绿化配置应注重空间层次，以及随着时间变化而获得不同的绿化观赏效果（图 6–18）。

图 6–18　阳台栽种

（2）户内的一些家具旁，用来填补空间。这样的盆栽绿化以观叶为主，应选用具有较高观赏价值的植物。

（3）户内一些高家具的顶上。配置小盆的下垂式植物，可以减弱高家具的边界感。

（4）桌面高度的家具台面上。多选配有奇特造型的微型植物盆景或富有艺术感染力的插花，来形成视觉焦点（图 6–19）。

图 6–19　插花

（5）电脑桌上，电视机、微波炉旁。有些植物具有奇特的消减电磁辐射的作用，例如仙人掌、石莲、孑孑宝等，把它们成组摆放在会产生电磁辐射的设备旁，有益于人体的健康。

另外，针对新装修完工的住宅内部或多或少都会存在一些危害身体健康的有毒物质，如甲醛、苯等，如果在室内栽种一些诸如波士顿蕨、常春藤、吊兰、芦荟、龙舌兰、铁树、雏菊等植物的话，有助于降低有毒物质的浓度。

第二节　办公空间与环境设计实践

一、办公空间的类型

（一）以办公空间的布局形式分类

1. 单间式

单间式是以部门或工作性质为单位，将办公区域分别安排在不同大小和形状的房间之中的办公形式。特点是空间之间较独立，私密性强，如图 6-20 所示。

图 6-20　单间式办公室

2. 开敞式

开敞式是将若干部门置于一个大空间之中，每个工作台可以用矮挡板分隔的办公空间形式。其特点是节省空间，空间感觉开阔、舒展，同时装修、供电、信息线路、空调等设施容易安装，费用较低，如图 6-21 所示。

图 6-21　开敞式办公室

（二）以办公空间的业务性质来分类

1. 行政办公空间

行政办公空间即党政机关、人民团体、事业单位的办公空间。

2. 商业办公空间

商业办公空间即商业和服务单位的办公空间，装饰风格往往带有行业窗口性质。

3. 专业性办公空间

专业性办公空间是指各专业单位的办公空间，专业单位的范围较广，包含金融、网络、科技、文化娱乐等行业。

4. 综合办公空间

综合办公空间是指以办公为主，同时包含公寓、展示和娱乐为一体的办公空间。

二、办公空间的设计要素

（一）空间形态方便内部交流与对外协作

不同性质的企业其办公的工作流程和工作方式也不尽相同。

在进行办公空间的设计时，了解企业的内部关系及工作流程对空间形态的构成极其重要。在单元型办公空间设计时，有密切工作关系的办公空间的设置应相邻、相近，方便沟通与协作，能促进工作中人与人之间的相互交流和良好互动，建立合作精神。现代办公家具灵活多变的组合功能，可根据各部门人员配置及配套设施的功能需求进行自由组合与合理搭配。

（二）视觉识别性能方便企业形象的对外认知

不同公司的企业形象、鲜明特点的背景空间，能展示企业文化和管理理念。在大型办公空间中要以“导向”为目的设计，根据环境中人的“动线”（移动方向）的分析，在设定平面动线后，选择相应的功能区域的明显位置来设置标识，以赋予指示功能。在现代办公空间设计中，应充分利用标识的色彩、造型，将其融合在室内环境中，不仅实现了清晰的指引功能，还方便外界在室内空间中对本机构的企业文化得到感观认知。

（三）办公心理环境

现代室内设计理念已不再将人与环境看成是孤立和各自存在的，而是强调以人为本的整体统一的关系。在办公空间的设计中人是主体，所以需要研究人的工作状态及行为习惯，以创造出符合人们需求的人性化的办公空间。办公空间作为长期的人们共同工作、交流的场所，所以办公空间的设计应结合人们办公行为的特点、心理因素来组织空间布局和巧妙地安排空间界面、色彩、灯光、办公家具等设施内容。

三、办公空间功能区域的设计

（一）门厅

门厅（图 6-22）处于整个办公空间的最前沿的位置，给客人以第一印象，应该重点设计，精心装修。门厅的面积要适度，尽量开阔，避免局促，可根据需要在合适的位置设置接待台和等待休息区，还可以安排一些园林绿化小品和装饰品陈列区。

图 6-22　门厅

（二）接待室

接待室（图 6-23）是接待访问和洽谈业务的场所，也是展示公司业务和宣传企业形象的场所，装修应有特色，面积不宜过大，家具可使用沙发和茶几组合。要预留陈列柜、摆设镜框和宣传品的位置。

图 6-23　接待室

（三）通道

通道（图 6-24）在空间的交通组织中起到重要作用。在办公空间设计时要尽量减少和缩短通道的长度，主通道宽一般在1800mm 以上，次通道也不要小于 1200 mm。

图 6-24　通道

（四）员工工作区

员工工作区（图 6-25）是办公空间中的主要办公场所，也是人流较密集的地方，应根据工作需要和部门人数并参考建筑结构而设定面积和位置，同时要注意与整体风格的协调。

图 6-25　员工工作区

（五）会议室

会议室（图 6-26）是员工开会和进行员工培训的场所，主要功能是会务，要求具有一定的私密性。同时，室内的隔音、吸音、灯光、音响和减噪效果要充分考虑。如果使用人数在 30 ~ 50 人左右，可用圆形或椭圆形的大会议台形式。

图 6-26　会议室

（六）经理办公室

经理办公室通常分为总经理（或董事长）办公室和副总经理办公室，两者在装修档次上有一定区别。这类办公室的位置应选通风、采光和景观条件最好，私密性较强的空间。面积要宽敞，家具型号要大，如图 6-27 所示。室内可设置装饰柜、书柜、接待沙发、小型会议桌椅等家具，以及小型厨房、卫生间和卧室等附属空间。

图 6-27　经理办公室

第三节　公共空间与环境设计实践

一、酒店空间与环境设计

（一）客房设计

客房是大多数宾馆客人的目标场所，是宾馆最核心的功能空间，也是宾馆经济收益最主要的来源。客房提供给客人的不仅仅是一个休息的空间，更多的是享受和关怀，一个好的光环境，更是体现酒店档次的关键所在。

1. 客房的种类

标准客房，放两张单人床的客房，是宾馆中最普通、数量最多的客房，如图 6-28 所示。

图 6-28　标准客房

双人间客房，放一张双人大床的客房，如图 6-29 所示。

套间设计，如图 6-30 所示。

总统套房，一般由六间以上的房间组成，分设客厅、餐厅、会议室、书房、总统卧房、夫人卧房等。至少有两套卫生间，主卫设六件洁具（包括面盆、马桶、净身盆、沐浴间、浴缸、按摩浴缸），整个总统套房犹如一幢豪华别墅，具有最高级的设备和最精美的装修。要求有高度的私密性，绝对的安全、环境优美和视野良好。

图 6-29　双人间客房

图 6-30　套间设计

2. 客房家具设备

休息座椅一对或沙发一套及咖啡桌。

装有大玻璃镜的写字台、化妆台及椅凳。

行李柜、衣柜、电话、窗帘。

3. 客房照明

客房一般不设顶灯，可以设壁灯、落地灯、床头灯。

客房洗浴间的光环境，以柔和均匀为宜。浴室照明应配合普通照明与镜前照明。镜前灯通常采用温射型灯具，光源以白炽灯或三基色荧光灯为宜，灯具安装在镜子上方，立体角之外，以免眩光。洗浴间是开关最频繁的场所，注意选用防水等级较高的灯具，并且配防潮防水型面板。

(二)大堂设计

1. 大堂设计要素

(1)充分利用空间

酒店大堂的空间,既可作为酒店前厅部各主要机构(如礼宾、行李、接待、问讯、前台收银、商务中心等)的工作场所,又能当成过厅、餐饮、会议及中庭等来使用。这些功能在不同的场所为大堂空间的充分利用及其氛围的营造,提供良好的客观条件。因此,大堂设计时应充分利用空间。

(2)注重整体感的形成

酒店大堂被分隔的各个空间,应满足各自不同的使用功能。但设计时若只求多样而不求统一,或只注重细部和局部装饰而不注重整体要求,势必会破坏大堂空间的整体效果而显得松散、零乱。所以,大堂设计应遵循“多样而有机统一”的要求,注重整体感的形成。

2. 大堂设计装饰的类型

(1)古典式

这是一种具有浓厚传统色彩的设计装饰类型,大堂内古董般的吊灯、精美的古典绘画以及造型独特的楼梯栏杆,让客人感受到大堂空间的古朴典雅,如图 6-31 所示。随着新材料的应用,酒店大堂古典式设计装饰有了新的生机。

(2)庭园式

庭园式设计装饰引入山水景点与花木盆景,素有“庭中公园”的美称。如在大堂内利用假山、叠石让水自高处泻下,其落差和水声使大堂内变得有声有色、动静结合；或者在大堂一角,种植大量的热带植物,设置小巧的凉亭与瀑布,使大堂空间更富自然山水的意境。在设计装饰庭园式大堂时,应注意确保整体空间的协调,花木搭配与季节、植物习性、假山体量、溪涧宽窄等自然规律相符。

图 6-31　古典式酒店大堂设计

（3）现代式

这类大堂设计装饰追求整洁、敞亮、线条流畅。如大堂顶面球面形和地面圆形图案互相呼应，再配以曲面形墙壁与淡雅的色彩，大堂顶面设计有如星星闪烁的灯光，让客人犹如身临太空，情趣无穷；若再辅以玻璃、不锈钢和磨光花岗岩等反光性强的材料装饰的通道，更显得玲珑剔透，充满了现代感，如图 6-32 所示。

图 6-32　现代式酒店大堂设计

3. 大堂设计特点及装饰材料

大堂是宾馆设计的装饰重点，集空间、家具、陈设、绿化、照明、材料等精华于一体。

很多酒店把大堂和中庭结合起来成为整个建筑之核心和重要景观之地。空间上比一般厅室要高大开敞，以显示其核心作用。

在选择材料上，以高档的天然材料为佳，如花岗岩、大理石、高级木材等。

二、餐饮空间与环境设计

（一）餐饮空间的类型

餐饮空间的类型一般由其功能属性进行区分，主要有快餐店、自助式餐厅、烧烤和火锅店、中餐厅、西餐厅、休闲饮品店等。

1. 快餐店

快餐店的室内设计在功能上要最有效地利用空间，风格上应以明快为主。快餐店的用餐者不会停留太久，更不会对周围景致用心观看或细细品味。设计者可以通过单纯的色彩对比、几何形体的空间塑造和丰富整体环境层次等手段，取得快餐环境所应有的效果。

2. 自助式餐厅

自助餐是由宾客自行挑选、拿取或自烹自食的一种就餐形式。餐台旁需留有足够流动选择空间，让人有迂回走动的余地，避免客人排队取食。就餐的桌椅不可安排得太密，以便于客人取用食物时走动。尽可能地提供摆放多种菜品的同时，也要营造主题氛围，使环境、服务、餐具、灯光、摆设菜品等每一个细节都应与主题相匹配。

3. 烧烤和火锅店

烧烤和火锅是近年来逐渐风行的餐饮形式。在室内设计时除了要考虑餐桌较普通的要大一些（桌子中央有直径 30cm 左右的炉具）以外，还要特别注意排烟问题。烧烤虽不算是舶来物，但其时尚性却是由异国传入的。营造主题氛围、环境、灯光等须考虑到异国风情的因素。

4. 中餐厅

中餐厅以经营中国民族饮食风味的菜肴为主。其餐厅空间设计经常采用中式的设计元素来贯穿室内空间的界面，使空间呈现出古典幽雅、含蓄委婉的意韵。中餐厅设计空间布局庄重，富于气势，具有独特的设计风格与韵味。中餐厅设有长廊通道、敞开式的散席空间、包间、备餐厅、厨房、收银台等。

5. 西餐厅

西餐厅泛指按西方国家的饮食习惯烹制出的菜肴，西餐厅的设计通常借鉴西方传统模式，配以钢琴烛台、漂亮的桌布、豪华的餐具等。呈现出安静、舒适、优雅、宁静的气氛。其厨房的布局须按操作程序设计，西餐的烹饪使用半成品较多，所以面积较中餐厅厨房的面积略小些。

6. 休闲饮品店

休闲饮品店主要经营各种饮料。在城市中为人们提供一个可以休闲交友的去处。在西方这是一种以“休闲、舒适、情趣、品味”为主题的餐饮模式，其空间设计较为灵活。

（二）餐饮空间的设计

餐饮空间给人以何种心理感受，主要取决于室内设计的优劣。餐饮空间的设计也要从总体空间布局、空间动态流线分析、整体文化表达、材料选择、色彩处理、灯光照明、家具选用等方面着手，以创造一个有特色的就餐环境。

餐饮空间的设计需要根据不同空间功能与特点来进行，并根据总体构思的需要进行设计，由于构思和创意不同，上述空间的设计要素也不尽相同，所以设计时要根据具体情况来灵活处理，方能创造出良好而独特的空间氛围。

1. 总体空间布局

无论餐饮空间的规模、档次如何，均由几个子空间组合而成，常规餐饮空间按照使用功能可分为主体就餐空间、单体就餐空间、卫生间、厨房工作间等。要处理好餐饮空间中的面积分配，合理、有效、安全地划分和组织空间，就成为室内设计中的重要内容。

2. 空间动态流线分析

餐饮空间设计要满足接待顾客和方便顾客就餐的基本要求，表达餐饮空间的审美品位与艺术价值。

面积决定了餐厅内部的设计，经济合理、有效地利用空间是设计时需要把握的手段。秩序是餐厅平面设计中的一个重要因素。平面过于复杂则空间会显得松散，设计时要用适度的规律把握好秩序，才能取得整体而又灵活的平面效果。餐桌、餐椅的布置需要满足客人活动空间的舒适性和伸展性，要考虑各种通道空间尺寸的便利性和安全性以及送餐流程的便捷合理。服务通道与客人通道应相互分开、过多的交叉会降低服务的品质。

3. 整体文化的表达

作为餐饮空间场所，让人在就餐的同时又得到文化艺术的美感享受，无形中会提升餐饮空间附加值的作用。餐饮空间设计可利用各种各样的历史文化、民族乡土文化等元素来营造文化氛围，多角度、多视点地来挖掘不同文化风格的内涵，寻找设计突破点。一个具有良好文化品位的就餐环境在很大程度上会感染顾客的即兴消费，独特的空间往往会吸引顾客进店消费。

设计者要善于分析各种社会人群的需求以及社会文化的心理，用心去寻找为人喜爱和欣赏的文化主题，以此为设计元素进行展开和深化。整体地对餐饮空间进行包装，从而创造出具有文化主题的餐饮空间。

4. 色彩与材料的选择

环境色彩会直接影响就餐者的心理和情绪。食物的色彩会影响就餐者的食欲。色彩是具有感情和象征性的,如黄色显示高贵与权利、蓝色感觉深邃、红色象征热烈、白色表现纯洁与洁净、绿色代表生命与青春。不同的人对不同色彩的反映也不一样,儿童对纯色的红、橘黄、蓝绿反应强烈,年轻女性对流行色彩比较敏感。设计中要考虑顾客的人群、年龄、爱好,以吸引顾客群体的兴趣,用色彩创造不同餐饮空间的情调与氛围。

对餐饮空间氛围的营造离不开材料这一载体,天然的材质给人以亲切的感受,具有朴实无华的自然情调,能创造出宜人与温馨的就餐环境。平整光滑的大理石、金属的镜面材料、纹理清晰的装饰面材,会让人产生一种隆重、高贵的联想与感受。材料的选择不在于昂贵,而在于精心的构思和合理地选用、组织,使之相互匹配。昂贵材料能显示富丽豪华,平实的装饰材料同样能创造出优雅的审美意境。

餐饮空间材料的选择要符合功能的需要,地面材料应坚实与耐久,并且易清洗。立面墙体或隔断反映设计水准和设计特色,具有虚实变化和审美比例尺度等技术要求。根据功能的需要,有些材料要选择具有吸音的材质,以降低餐厅的噪音,给人的交流提高音质,改善用餐的环境。

5. 灯光照明的设计

灯光在餐饮空间中对食客的视觉、味觉、心理均有重要的影响。可以采用灯光的明与暗、光与影、虚与实创造奇妙的光感效应。

灯光设计依据不同的餐饮企业的经营定位,具有不同的灯饰系统。西餐厅注重优雅,讲究情调,灯饰系统以沉着柔和为美;中餐厅以浓度色调装饰界面空间,配以暖色的灯光,显得灯火辉煌、场面热烈。

餐厅的空间照明要有光线的强弱变化的层次感,桌面的重点照明有助于增进食欲,有艺术品的墙面可用局部照明的灯光,烘托艺术氛围又形成明暗的对比，丰富了空间层次。灯具作为重要的装饰要素，它的外观对表现空间风格和美感，体现餐厅的格调，具有明显独特的优势和魅力。

6. 家具的选用

餐饮空间的桌椅是使顾客享受进餐过程的设备，首先要使顾客便于使用，还要考虑大小和形状是否与空间匹配以及它与整体环境风格关系的协调性。其餐椅是消费者直接接触的家具，它既要符合功能使用的目的，还要有视觉上的美感。餐饮空间中的吧台或服务台的设计造型是空间设计中的一个亮点，设计中要考虑使用独特的处理手法。

三、文化建筑空间与环境设计

（一）博物馆空间与环境设计

1. 博物馆各区域设计

（1）藏品库区

藏品库区应由藏品库房、缓冲间、藏品暂存库房、鉴赏室、保管装具贮藏室、管理办公室等部分组成。藏品暂存库房、鉴赏室、储藏室、办公室等用房应设在藏品库房的总门外。收藏对温湿度较敏感的藏品，应在藏品库区或藏品库房的入口处设缓冲间。大、中型馆的藏品宜按质地分间贮藏。重量或体积大的藏品宜放在多层藏品库房的地面层上。每间藏品库房应单独设门，窗地面积比不宜大于1 ： 20。珍品库房不宜设窗。藏品库房的开间或柱网尺寸应与保管装具的排列和藏品进出的通道相适应。藏品库房的净高应为2.4 ～ 3.0m。若有梁或管道等突出物，其底面净高不应低于2.2 m。藏品库房不宜开设除门窗以外的其他洞口，必须开洞时应采取防火、防盗措施。

（2）陈列区

陈列区应由陈列室、美术制作室、储藏室、进厅、观众休息处、报告厅、接待室、管理办公室、警卫值班室、厕所等部分组成。

陈列室应布置在陈列区内通行便捷的地方，并远离工程机房。陈列室之间的空间组织应保证陈列的系统性、顺序性和参观的可选择性。陈列室的面积、分间应符合灵活布置展品的要求，每一陈列主题的展线长度不宜大于300m。陈列室单跨时的跨度不宜小于8m，多跨时的柱距不宜小于7m。室内应考虑在布置陈列装具时有灵活组合和调整互换的可能性。陈列室的室内净高除工艺、空间、视距等有特殊要求外，应为3.5 ~ 5.0m。除要求采用全部人工照明外，普通陈列室应根据展品的特征和陈列设计的要求确定天然采光与人工照明的合理组合。陈列室应防止眩光和反射眩光，并防止阳光直射展品。展品面的照度通常应高于室内一般照度，并根据展品特征，确定光线投射角。当陈列室面积较大时，室内宜有相应的吸声处理。陈列室的地面应采用耐磨、防滑、易清洁的材料。有条件时可选用有利于减轻观众步行噪声的铺地材料。

（3）技术及办公用房

技术及办公用房应由鉴定编目室、摄影室、熏蒸室、实验室、修复室、文物复制室、标本制作室、研究阅览室、行政管理办公室及其库房等部分组成。大型馆必须设置熏蒸室、物理和化学实验室，位置应方便藏品的运送。专用的研究阅览室及图书资料库应有单独的出入口与藏品库区相通。鉴定编目室、实验室、修复室、文物复制室、标本制作室等用房的窗地面积比不应小于1 ∶ 6，室内光线应稳定、柔和。

2. 案例分析——古根海姆博物馆

1943年，美国冶炼业巨富所罗门·R·古根海为保存和陈列自己的美术藏品，委托弗兰克·劳埃德·赖特设计博物馆，最终于1959年建造完成并开幕。赖特对现代建筑影响巨大。他的建筑思想走的是一条独特的道路，与当时欧洲大陆的主流——现代主义设计崇尚“功能”至上的思想不同，赖特的“有机建筑”打破方盒子框架，利用建筑的空间、材料、结构诠释着建筑理念。古根海姆博物馆(图 6-33)便是其中之一，它大胆的形式就像一个巨大的白色“漩涡”融合着赖特的时间与空间。

图 6-33　古根海姆博物馆

(1)环境与功能

建筑坐落于纽约市第五大道拐角处，面对中央公园，周围为嘈杂的街区。由于地理位置和基地面积的限制，建筑平面无法水平延伸，令空间纵向延展无疑是一个合理地选择。作为博物馆建筑，参观线路和内部环境营造十分重要。博物馆的基本参观功能也决定建筑内部需要流通性强、采光优良的空间。

(2)平面布局

打破对称，古根海姆博物馆的平面根据功能划分成动态的不对称布局。以入口轴线为界，左右分别布局一大一小两建筑主体。这样的平面布局使观众参观路线、工作人员路线互不干扰，二层平面又再次通过平台将两馆连接。这样对比又协调的平面既区分主次又相互联系。交通流线上，过于复杂会影响参观效率和质量，因此古根海姆采用了交通流线明确，空间开阔的设计。

(3)外观

简洁与变幻相结合的弯曲厚实的外墙带动整个白色建筑螺旋上升，楼层间的缝隙为环形窗带，直至六层。建筑为白色螺旋形混凝土结构，外观简洁不做修饰。与传统博物馆的建筑风格迥然不同，赖特构想的这个螺旋体，向城市的空间敞开并清晰明确地表达内部结构，并有别于周遭的板型建筑，成为地区焦点。如赖特本人说："在这里建筑第一次表现为塑性的。一层流入另一层，代替了通常那种呆板的楼层重叠，处处可以看到构思和目的性的统一"。其形式虽显独特，但不乏合理性：基地面积小，竖向空间拓展有利于节约空间；周围街区环境嘈杂，内向的建筑形式有利于隔绝噪声；建筑位于街角，圆形建筑有利于缓解硬朗的街景。

（4）内部空间

时空连续的四维空间建筑的外观只是内部功能空间的必然体现，内部空间才是建筑物的主体。古根海姆的建筑空间可以简单地视为有三大部分：入——口空间（包括上部连接平台）、主展空间（大螺旋体）、辅助空间。入口空间——赖特注重入口空间的设计，这或许是受日本和中国园林的影响。博物馆的入口设计相对低矮、隐蔽、朴实无华，其上部支撑二楼平台。入口上部半封闭，下开放为通道，连接两展厅。穿过低矮的入口，向右即转入主展厅。展厅中庭空间顶部采光、开阔明亮、贯穿建筑六层，给人豁然开朗的印象。

主展空间：空间随坡道盘旋向上升六圈后止于玻璃天窗之下，围合出一高大的共享空间。这样使空间延伸由水平的二维突破为三维，空间关系核心围绕，具有向心性、连贯性。在功能上这种空间形式把展厅、交通、纵向空间统一于一体，流畅有序。人流自然导向，观者在步行中便能浏览展品，整个过程轻松愉悦。

辅助空间——包括小螺旋体四层，主要摆放监控设备，加建过程中把其中的三层、四层改为展厅；咖啡厅位于主展馆二层平台；地下层为讲堂及技术用房。时空连续的第四维——时间因素，即在于建筑的开窗。环形窗带，置于墙壁顶部，利于隔热隔噪。顶棚玻璃窗与墙壁高窗形成自然采光，再加上白色墙壁的漫反射，使整个展馆内光线柔和。透明的玻璃窗将城市景色引入博物馆，博物馆内部光线、色调千变万化，空间也随着时间在改变。

（二）音乐厅空间与环境设计

1. 音乐厅空间设计要求

音乐厅是举行音乐会及音乐相关活动的场所，是人们感受音乐魅力的地方。音乐厅通常都装潢典雅，由音乐大厅和小剧场等组成，并配备各种乐器及专业的音乐设备，同时提供舒适的座椅，在优雅的环境里为人们带来音乐的精神盛宴。一座建筑精美、风格独特的音乐厅本身就是一件艺术品。

音乐厅在设计时要注意以下几个方面。

混响时间。混响时间设计合理，观众听起来声音厚重雄浑，音质丰富饱满。

结构吸音。材料和结构、构造吸音，避免回声，吸收噪声。

设计力求圆形，使声音达到每个席位的距离基本接近。

音乐厅设计，要追求光线明亮，照度合理，使观众能看得亲切。

要设计观众席噪声尽可能被就地吸收，避免向舞台和其他观众方向传播。

座位垫加橡胶垫，避免噪声。

设置休息室，会朋友或场间休息，有旁厅、耳厅。

要设置自然通风，避免集中空调噪声干扰。

舞台设计要有现代理念，要能运用现代电子技术，达到多层次、多功能、全方位的舞台自动化系统。

2. 音乐厅代表性建筑

（1）浪漫主义时期的维也纳金色大厅

19 世纪的音乐厅多呈长方形，内部装饰华丽，石柱雕像、涡卷形饰物遍布整个大厅。外墙黄红两色相间，屋顶上竖立着许多音乐女神雕像。维也纳金色大厅（图 6-34）的“长方形鞋盒”声音流动性特别好。在这里，弦乐器与木管乐器、木管乐器与铜管乐器的平衡达到了巧妙无比的境界。也正因如此，每年一度的新年音乐会才带给全世界音乐爱好者难以忘怀的视听享受。

图 6-34　维也纳金色大厅

维也纳金色大厅（图 6-35）是维也纳最古老、最现代化的音乐厅，是每年举行“维也纳新年音乐会”的法定场所。金色大厅始建于 1867 年，1869 年竣工。它落成于 1870 年，正式的名称应该称作音乐协会大厅，由建筑大师奥菲尔·汉森设计。

图 6-35　维也纳金色大厅内部

“金色大厅”的屋顶为平顶镶板，两侧有楼厅和音乐女神的雕像，与维也纳音乐厅、阿姆斯特丹音乐厅同被誉为三大著名古典音乐厅。该厅承袭了 19 世纪末以前古典音乐厅的模式——“鞋盒式”的体型，侧墙有两层浅挑台，后墙有两层挑台，演奏区为尽端式。

（2）现代主义的悉尼歌剧院

悉尼歌剧院是 20 世纪最具特色的建筑之一，也是世界著名的表演艺术中心，已成为悉尼市的标志性建筑。歌剧院 1973 年正式落成，其特有的船帆造型，与悉尼港湾大桥相映成趣。

悉尼歌剧院的外观（图 6-36）为三组巨大的壳片，耸立在南北长为 186m、东西最宽处为 97m 的现浇钢筋混凝土结构的基座上。第一组壳片在地段西侧，四对壳片成串排列，三对朝北，一对朝南，内部是大音乐厅，如图 6-37 所示。

图 6-36　悉尼歌剧院外观

图 6-37　悉尼歌剧院内部

关于音乐厅音质分析问题，音乐家和声学工程师所用的术语和标准不相同。音乐家倾向于使用主观感觉的术语：活度、亲切感、温暖感、明亮度、平衡感等。声学工程师倾向于使用客观物理的度量：初始时间延迟间隙、混响时间、直达声响度、混响声响度等。不幸的是，这两套术语及相应的两套标准之间，并不存在确切的单一的对应。有些对应关系至今仍在讨论中。本节用物理的语言定性分析音乐家的感觉术语，提示这些主观的感觉术语里的客观物理内涵。

从音乐厅的发展历程来看，音乐厅从最初的一个圆台、十几把椅子到现在的恢宏的建筑,从皇家特殊的建筑群和特权到平民时代的大众所用的参照物来看音乐厅的建筑设计规划的变迁都是遵从科学的,具有较强的科学性。历史的变迁,都是经历一番发展和变革才能不断地发展,才能更适应人类的需求,更接近人性化、科学化、现代化的要求。

四、娱乐空间与环境设计

娱乐项目有很多不同的模式,娱乐业从最早期的歌舞厅、夜总会式歌剧院、迪斯科、综合性酒吧,到今天的夜总会、量贩 KTV、娱乐会所等,经历了一个漫长的过程。如今娱乐模式及消费群体的细分更加明显及专业化,所以在室内设计时必须首先要明确方向,确定娱乐的模式及不同的消费群体。

(一)娱乐空间的类别

1. 夜总会

夜总会(图 6–38)常被人们形容为衣香鬓影、纸醉金迷,其娱乐模式为唱歌跳舞、掷骰饮酒、丽影相伴等。在这种模式下既要照顾二人世界的娱乐空间,也要考虑到集体共乐的公共气氛。消费的群体则主要是一些生意上的商务应酬或知己共聚的人,他们的消费大都有“千金散尽还复来”的气派,豪华高档的装饰硬件和体贴入微的服务软件是该模式的主要特征。

图 6–38　夜总会

2. 迪斯科

劲歌热舞、激情四溢是迪斯科（图 6-39）的写照；音响强劲、集体共舞、狂欢豪饮是迪斯科的娱乐模式。以舞池为中心，DJ 及领舞为主持，带动全场气氛，让人们共同创造出热烈的氛围。到迪斯科消费的群体，大多数以年轻人为主。

图 6-39　迪斯科舞厅

3. 表演吧

在酒吧中兼带有二三人的小型表演，使歌手与客人打成一片。听歌、饮酒娱乐同时进行，这类酒吧称之为表演吧，消费者主要以朋友聚会饮酒、情侣约会等为主，如图 6-40 所示。

图 6-40　表演吧

4. 表演厅

表演厅顾名思义是以表演为主。表演的特色与水平很大程度上决定该场所的吸引力。而通常到表演厅欣赏节目的顾客大都是家人、情侣或三五知己，他们大都是带着观赏、消遣等的目的去消费。

5. 量贩 KTV

量贩 KTV（图 6-41）是以唱歌为主的娱乐模式，对音响要求较高。它一般按小时计算房租，酒类小食可在场内超市平价采购，免费或平价提供餐点，相对消费较实惠。消费客源以白领工薪族、家庭、同学聚会、生日 Party 为主，装饰讲究干净实用。

图 6-41　量贩 KTV

（二）娱乐空间的设计

1. 总体平面规划

娱乐空间的功能组织形式的特点具有多样性，很难把它们的内容进行统一。其功能分区应以合理、便于管理为基本原则，分清内管理外营业，按静、动、闹三类活动分区，在动线上要做到简捷流畅，在出入交通部位，明确表达各类活动用房的相对位置关系。平面的功能与整体空间、经营策划是密不可分的，它是否合理很大程度决定了以后经营的成败。它是设计、策划、经营三者的综合体，是项目成功的保证。

夜总会以房间为主，走廊应“曲径通幽”“四通八达”，让“点”与“点”之间的路径有多种可能，令客人有走不尽、看不完甚至有迷失方向的感觉。娱乐会所强调私密性、安全舒适、豪华典雅等。慢摇吧中DJ台、领舞台及舞池是全场的中心焦点，应安排在全场都能看到的醒目位置。表演台不该太大且应设在场中心，吧台则应设置在场的左右两侧。表演厅由于表演出场费用较高，相对面积要大些、座位也要多些，平面布局应丰富多变化、错落有致。量贩KTV平面设计讲究的是简洁大方、舒适实用。

2. 装饰风格的设计

娱乐模式的不同，消费群体素质、年龄及身份的差异，导致装饰风格也有所区别。设计风格与娱乐模式的相匹配是装饰硬件的重要部分。如在具体设计中夜总会与娱乐会所装饰风格要求较为接近，因其接待客人的层次及年龄都较为相似。这类身份的群体大都喜欢高档、稳重、简洁的装饰风格。为达到上述要求，在设计上应选用一些高档、典雅的材料；沉稳的色彩，使整体风格协调统一、高贵大方。慢摇吧与迪斯科以年轻人为主，时尚、新潮、别致的装饰风格会对他们有着一定的吸引力。

3. 灯光氛围的营造

灯光在夜场起着不可忽视的作用。如：在灯光昏暗及冷色调的场所中，客人的心情会比较压抑，相反到了灯光较为明亮且以暖色调为主的场所中，人的兴奋度就会提高。在具体设计中要根据不同类型的场所进行具体设计。如夜总会与娱乐会所要求在房间内营造出温馨、舒适、高雅的气氛，以间接光源为主，避免光源直接照射客人的眼睛形成炫光点。茶几、装饰画、工艺品等可用聚光灯照射，以增强艺术氛围。在以暖光源为主的环境中要有一点冷光源做对比，避免颜色单调乏味。慢摇吧要求灯光根据不同时段营造出不同的氛围。在开场前段，灯光较为明亮及以暖色调为主，随着时间推延，灯光逐步调暗变冷，到最后只剩下一些LED、光纤等弱光源配合音响效果。为了方便DJ控制全场气氛，应将全场光源控制设在DJ台内，通过电脑统一调节。迪斯科灯光大致与慢摇吧相似，但它要比慢摇吧的更暗、更冷一些，虚幻迷离的光源多一些，以配合客人现场的感受。表演吧与表演厅则以暖色光源及间接光源为主，舞台的灯光变化是全场的焦点，造型内的装饰灯、专业的电脑灯与激光灯等都应不断地配合节目表演的内容不同而变化。让客人感觉置身于一个千变万化的场景之中。量贩 KTV 则灯光要求变化不大，达到明亮、清晰、温馨、舒适即可。

参考文献

[1]珍妮·吉布斯.室内设计教程[M].北京：电子工业出版社，2011.

[2] 陈静.室内软装设计[M].重庆：重庆大学出版社，2015.

[3] 陈雪杰.室内装饰材料与装修施工实例教程[M].北京：人民邮电出版社，2013.

[4] 陈岩.室内设计[M].北京：中国水利水电出版社，2014.

[5] 陈易.室内设计原理[M].北京：中国建筑工业出版社，2006.

[6] 范业闻.现代室内软装饰设计[M].上海：同济大学出版社，2011.

[7] 高嵬，刘树老.室内设计[M].上海：东华大学出版社，2011.

[8] 郭洪武.室内装饰材料[M].北京：中国水利水电出版社，2013.

[9] 胡海燕.建筑室内设计：思维、设计与制图[M].北京：化学工业出版社，2011.

[10] 胡剑虹.室内设计概论[M].北京：中国林业出版社，2010.

[11] 霍维国，霍光.室内设计教程[M].北京：机械工业出版社，2013.

[12] 蒋娟娟，赖莉莉.室内软装饰设计教程[M].合肥：合肥工业出版社，2016.

[13] 蒋琦，王天利.智能家居在室内设计中应用研究[J].智

能城市,2017,(3).

[14] 李朝阳.室内空间设计[M].北京:中国建筑工业出版社,2011.

[15] 历妍.智能家居元素:室内设计新主张[J].大众文艺,2012,(02).

[16] 梁旻,胡筱蕾.室内设计原理[M].上海:上海人民美术出版社,2010.

[17] 刘怀敏.室内软装饰设计[M].北京:化学工业出版社,2015.

[18] 陆晓云.装饰艺术设计[M].北京:北京大学出版社,2011.

[19] 马澜.室内设计[M].北京:清华大学出版社,2012.

[20] 邱晓葵.室内设计[M].北京:高等教育出版社,2001.

[21] 孙嘉伟,傅瑜芳.室内软装设计[M].北京:中国水利水电出版社,2014.

[22] 田沛荣.软艺调情[M].石家庄:河北美术出版社,2004.

[23] 王菲.新装饰主义:现代室内软装设计[M].北京:中国水利水电出版社,2016.

[24] 王芝湘.软装设计[M].北京:人民邮电出版社,2016.

[25] 文健,林群华,陈慧婷,等.室内空间设计[M].北京:北京交通大学出版社,2014.

[26] 夏琳璐.室内软装饰设计与应用[M].北京:经济科学出版社,2012.

[27] 许秀平.室内软装饰设计项目教程[M].北京:人民邮电出版社,2016.

[28] 张海东,文红.软装饰艺术设计与制作[M].重庆:西南师范大学出版社,2015.

[29] 张绮曼.室内设计的风格样式与流派[M].北京:中国建筑工业出版社,2006.

[30] 张清丽 . 室内装饰材料识别与选购 [M]. 北京：化学工业出版社，2013.

[31] 郑曙旸 . 室内设计思维与方法 [M]. 北京：中国建筑工业出版社，2003.